**IT Text** 情報処理学会 編集

# ソフトウェア開発 改訂2版

小泉寿男
辻 秀一
吉田幸二  共著
中島 毅

Ohmsha

## 情報処理学会教科書編集委員会

編集委員長　阪田　史郎（千葉大学）
編集幹事　　菊池　浩明（明治大学）
編集委員　　石井　一夫（久留米大学）
（五十音順）駒谷　昇一（奈良女子大学）
　　　　　　齊藤　典明（東京通信大学）
　　　　　　辰己　丈夫（放送大学）
　　　　　　田名部元成（横浜国立大学）
　　　　　　中島　　毅（芝浦工業大学）
　　　　　　沼尾　雅之（電気通信大学）
　　　　　　山本里枝子（株式会社富士通研究所）

（令和2年5月現在）

---

本書を発行するにあたって，内容に誤りのないようできる限りの注意を払いましたが，本書の内容を適用した結果生じたこと，また，適用できなかった結果について，著者，出版社とも一切の責任を負いませんのでご了承ください．

本書に掲載されている会社名，製品名は一般に各社の登録商標または商標です．

---

　本書は，「著作権法」によって，著作権等の権利が保護されている著作物です．
　本書の全部または一部につき，無断で次に示す〔　〕内のような使い方をされると，著作権等の権利侵害となる場合があります．また，代行業者等の第三者によるスキャンやデジタル化は，たとえ個人や家庭内での利用であっても著作権法上認められておりませんので，ご注意ください．
　　　　〔転載，複写機等による複写複製，電子的装置への入力等〕
　学校・企業・団体等において，上記のような使い方をされる場合には特にご注意ください．
　お問合せは下記へお願いします．
　　〒101-8460　東京都千代田区神田錦町3-1　TEL.03-3233-0641
　　　株式会社オーム社編集局（著作権担当）

# はしがき

　ソフトウェア開発の需要は，年々増加してきている．これは，情報化社会の進展とともに，コンピュータがあらゆる分野で活用されるようになってきたことが要因である．システムの開発は，いまやソフトウェア開発そのものであり，顧客が望むサービスもソフトウェアによって実現されている．また，情報家電などの機器においても，組み込まれるソフトウェアによって製品の価値が左右されるようになってきている．

　1960年代に提唱されたソフトウェア危機が契機となって，ソフトウェア工学が生まれてから約40年，各種の研究が進められ，ソフトウェア開発に活用されてきている．ソフトウェア工学は，開発ソフトウェアの大規模化による危機の到来を，属人性を排した生産技術の導入と展開により，生産性の向上を図ることで切り抜けようとしてきた．この結果，ある種のよく使われるソフトウェアはパッケージ化され，開発作業は標準化し，簡単な作業はソフトウェアツールによって半自動化されて，ソフトウェアの大規模化，短納期化が可能になってきた．

　しかし，これらにより単純でめんどうな作業は減ったが，結果としてさらに難しい問題ばかりが残るようになってきている．つまり，要求分析・定義の問題，品質・納期・コストそして人を管理する問題，常に新しい開発技術を取捨選択していく問題などである．ソフトウェア開発の現場では，ソフトウェア工学の成果を基盤にしつつも，日々これらの問題を解決すべく努力を続けている．

　このような趨勢において，ソフトウェア開発に携わる技術者にとって，ソフトウェア開発の基礎力を高め，応用力を深めていくことは必須である．

　本書は，大学でソフトウェア工学を学ぶ学生，企業でソフトウェア開発に携わる技術者を対象としており，ソフトウェア開発の基礎

と実践を中心に説明している．

本書は，次のような特徴をもっている．

- 本書は，ソフトウェア工学に基づく基礎技術事項をもとに，開発現場のソフトウェア開発技術を融合させた内容としている．いわば，ソフトウェア工学の基礎とソフトウェア開発の実践に主眼をおいている．
- 本書は，ソフトウェア開発プロセス，要求分析，設計，プログラミング，テストと保守およびオブジェクト指向の基本事項を説明の基底とし，再利用，プロジェクト管理と品質管理および開発規模と工数見積りなどのソフトウェア開発にとって重要な事項を取り上げている．
- 各章に演習問題を設け，巻末にその解説を付すことによって，より内容に対する理解が深まるよう努めた．

また，本書は以下の構成となっている．

第1章は，ソフトウェアの性質と開発の課題を取り上げ，ソフトウェア開発の全体像を述べている．第2章は，ソフトウェア開発プロセスを取り上げ，以降の第3章 要求分析，第4章 ソフトウェア設計，第5章 プログラミング，第6章 テストと保守の導入部となっている．第7章は，オブジェクト指向の考え方とその応用を分析・設計・プログラミングの面から述べている．第8章は，ソフトウェア再利用を述べている．第9章は，プロジェクト管理と品質管理を取り上げ，プロジェクト管理，品質管理と構成管理のそれぞれの相互関連を述べている．第10章は，ソフトウェア開発規模と工数見積りを取り上げている．

本書が，読者のソフトウェア開発に対する理解の一助になれば幸いである．

最後に，本書を著するにあたって御世話いただいた情報処理学会教科書編集委員ならびにオーム出版局の方々に深謝する次第である．

2003年7月

著者らしるす

## 改訂にあたって

　初版の発行から 12 年が経ち 15 刷を重ねてきた．この間，情報化社会はますます進展し，ソフトウェア開発の高度化・複雑化により品質に対する要求は高まってきている．

　改訂 2 版は，次に示すような面からの改訂を行った．

　まず，国際標準や業界標準の記述を最新の内容に改め，用語に関しても最新になるよう改めた．そして，品質管理や保守などに関しては，ソフトウェア開発の現場の実践内容を加筆した．また，コラムを追加して最新の技術動向など本筋ではないが知っておいてほしい知識をまとめた．

　さらに，読みやすさとわかりやすさの観点から文章や図表の見直しや実例の追加を行うとともに，授業のやりやすさの観点から演習問題略解内容の充実を図った．

　なお，改訂 2 版は，継続性を重視し，初版の章・節の構成を踏襲している．

　最後に，本書の改訂にあたって御世話いただいた情報処理学会教科書編集委員ならびにオーム社書籍編集局の方々に深く感謝いたします．

2015 年 11 月

著者らしるす

# 目　　次

## 第1章　ソフトウェアの性質と開発の課題
1.1　ソフトウェアの役割 …………………………………………… 1
1.2　ソフトウェアの特徴 …………………………………………… 3
　　1. ソフトウェアの定義　　3
　　2. ソフトウェア開発の特徴　　4
　　3. 良いソフトウェアの概念　　5
1.3　ソフトウェアの分類 …………………………………………… 6
1.4　ソフトウェアのライフサイクル ……………………………… 8
1.5　ソフトウェア開発の課題 ……………………………………… 9
　　1. ソフトウェア危機　　9
　　2. ソフトウェア開発現場における課題　　10
演習問題 ……………………………………………………………… 12

## 第2章　ソフトウェア開発プロセス
2.1　開発計画 ………………………………………………………… 13
2.2　ソフトウェア開発プロセス …………………………………… 14
2.3　プロセスモデル ………………………………………………… 16
　　1. ウォータフォールモデル　　16
　　2. プロトタイピングモデル　　19
　　3. スパイラルモデル　　20
演習問題 ……………………………………………………………… 22

## 第3章　要求分析
3.1　要求分析とは …………………………………………………… 23
3.2　要求分析における課題 ………………………………………… 27
3.3　要求分析の技法 ………………………………………………… 29

    1. ユーザ要求の獲得　*30*
    2. ユーザ要求の表現　*36*
    3. ユーザ要求の妥当性確認　*39*
  演習問題 …………………………………………………………… 42

## 第4章　ソフトウェア設計

  4.1　ソフトウェア設計における基本事項 …………… 43
    1. 設計とは　*43*
    2. 設計の2つの段階　*44*
  4.2　ソフトウェア設計へのアプローチ ……………… 45
    1. 良い設計とは　*45*
    2. 3つの戦略　*46*
  4.3　モジュール分割 ……………………………………… 48
    1. 複合設計法　*48*
    2. データ構造分割法　*50*
    3. 共通機能分割法　*51*
  4.4　モジュール分割の評価 ……………………………… 51
    1. モジュール間結合度　*52*
    2. モジュール強度　*55*
  演習問題 …………………………………………………………… 58

## 第5章　プログラミング

  5.1　ソフトウェアの役割 ………………………………… 59
    1. プログラミング言語の歴史　*59*
    2. プログラミング言語の分類　*60*
  5.2　プログラム書法と作法 ……………………………… 61
    1. プログラム書法の原則　*61*
    2. プログラムの表現　*63*
  5.3　プログラムの制御構造 ……………………………… 65
    1. 条件分岐　*65*
    2. プログラムの繰返し構造　*72*
    3. コメントの必要性とプログラムの効率化　*80*
  演習問題 …………………………………………………………… 81

## 第6章 テストと保守

### 6.1 テスト工程 …………………………………………………… 83
1. テストとは　*83*
2. テストプロセスと技法　*84*
3. テスト工程の位置付けとテスト容易性の実現　*85*
4. テスト環境の準備　*87*
5. テスト戦略　*88*

### 6.2 テストケース設計技法 ………………………………………… 90
1. ブラックボックステスト　*91*
2. ホワイトボックステスト　*97*
3. ランダムテスト　*98*
4. 妥当性確認テスト　*99*
5. テストケース設計技法のテスト段階への適応可能性　*99*

### 6.3 テスト妥当性評価 …………………………………………… 100
1. 網羅性基準　*100*
2. 欠陥除去基準　*102*
3. 運用的基準　*104*

### 6.4 保　守 ………………………………………………………… 105
1. 保守とは　*105*
2. クレーム対応の流れ　*107*
3. 保守作業の課題と解決アプローチ　*109*

### 演習問題 …………………………………………………………… 110

## 第7章 オブジェクト指向

### 7.1 オブジェクト指向とは ……………………………………… 111
1. 歴史的流れ　*111*
2. 基本概念　*112*
3. オブジェクト指向によるもの作り　*116*

### 7.2 オブジェクト指向分析 ……………………………………… 117
1. 分析の目的とオブジェクト指向分析　*117*
2. UML 記法　*118*
3. クラス図　*119*

    4. ユースケース図とユースケース記述　*123*
    5. シーケンス図　*124*
    6. オブジェクト類型化　*125*
    7. モデルの洗練化　*129*
  7.3　オブジェクト指向設計 ……………………………………… 131
    1. 設計の目的とオブジェクト指向設計　*131*
    2. 課題設定と初期モデリング　*131*
    3. デザインパターンの利用　*133*
  7.4　オブジェクト指向プログラミング ……………………… 135
    1. カプセル化　*135*
    2. 継　承　*138*
    3. ポリモルフィズム　*138*
  7.5　もの作りにおける進化 …………………………………… 141
    1. オブジェクト指向によるマクロプロセス　*141*
    2. フレームワーク　*142*
    3. オブジェクト指向適用上の課題　*145*
  演習問題 ………………………………………………………………… 146

## 第8章　ソフトウェア再利用

  8.1　ソフトウェア再利用とは ………………………………… 147
  8.2　ソフトウェア再利用の課題 ……………………………… 150
  8.3　ソフトウェア再利用の手法 ……………………………… 152
    1. ソフトウェア再利用の手順　*152*
    2. 再利用可能な標準化部品を開発する手法　*153*
    3. 再利用によりソフトウェアを開発する手法　*157*
  8.4　再利用支援の組織体制 …………………………………… 160
  演習問題 ………………………………………………………………… 162

## 第9章　プロジェクト管理と品質管理

  9.1　開発管理の枠組み ………………………………………… 163
  9.2　プロジェクト管理 ………………………………………… 165
    1. 見積り　*166*
    2. 計画／再計画　*167*

9.3 品質管理 ……………………………………………… 175
    1. ソフトウェア製品の品質　*175*
    2. プロダクト品質管理の枠組み　*177*
    3. 品質保証の２つのタイプ　*178*
    4. 品質保証のプロセス　*180*
9.4 ソフトウェア構成管理 ……………………………… 181
9.5 ソフトウェア開発組織能力の査定と改善 ………… 184
    1. 能力成熟度モデル　*184*
    2. CMMI と ISO/IEC 15504　*188*
    3. ソフトウェアプロセスに関する品質標準：ISO 9001　*188*
演習問題 ……………………………………………………… 190

# 第10章　ソフトウェア開発規模と工数見積り

10.1 ソフトウェア開発における見積り ……………… 191
10.2 LOC 法 ……………………………………………… 192
10.3 ファンクションポイント法 ……………………… 194
    1. ファンクションポイント法とは　*194*
    2. ファンクションポイント法による見積り　*195*
    3. ファンクションポイント法の課題　*198*
    4. ファンクションポイントと LOC との変換　*198*
10.4 工数見積り ………………………………………… 199
    1. 工数見積りの各種の方法　*199*
    2. COCOMO　*200*
    3. COCOMO Ⅱ　*201*
演習問題 ……………………………………………………… 203

演習問題略解 ………………………………………………… 205
参考文献 ……………………………………………………… 215
索　　引 ……………………………………………………… 219

# 第1章 ソフトウェアの性質と開発の課題

　ソフトウェアは，今や我々の最も身近なところにあって，多様なサービスを提供し，また商品としても流通している．ソフトウェアは，ハードウェアとは異なって大量生産可能なものではなく，基本的に知的生産物である．その特徴ゆえに，規模メリットによる生産効率化が困難であり，また製品の良し悪しを決める品質も定義しにくい．これらの問題が，ソフトウェア開発における課題につながっている．

　本章では，ソフトウェアの役割，特徴，分類，ソフトウェアライフサイクル，ソフトウェア開発の課題について概要を述べ，次章以降でこれらの課題への解決アプローチを示していく．

## ■1.1　ソフトウェアの役割

ソフトウェア：software
↕
ハードウェア：hardware

　コンピュータシステムは，ハードウェアとソフトウェアの組合せで実現される．**ソフトウェア**という言葉は，**ハードウェア**の対義語として発生した造語である．コンピュータ発展段階では，ソフトウェアはハードウェアに対する補助的なものとして見られてきた．今や，システムというとソフトウェアと等しいかのようにいわれることが多い．これは，ソフトウェアによって，同じ汎用のハードウェ

アをさまざまに使い分けることで，種々のシステムが実現できるようになったためである．

1980年代前半までは，コンピュータシステムは企業での業務や製造ラインの制御，学術機関での研究に使われることが多く，個人での使用はまれであった．この時代は，ハードウェアの価格や役割に比較してソフトウェアの比重は非常に小さかった．

しかし，この状況は，マイクロプロセッサの出現とネットワークの進展によって大きく変化した．この変化は，組込みソフトウェアとして，パーソナルコンピュータ（パソコン）の普及を可能にし，コンピュータは身近なものになった．コンピュータシステムのアーキテクチャは，大型コンピュータを中心とする形態から複数のコンピュータをネットワークに接続し，ソフトウェアを組み合わせて使う時代になり，今やネットワークによって世界中のコンピュータ同士が交信可能となるインターネット時代となった．さらにマイクロプロセッサは，自動車，家電，産業用ロボット，通信機器，ゲーム機などの幅広い分野の製品に使われ，各種機器の発展の要因になった．

コンピュータシステムでも各種機器でも，機器のほとんどはソフトウェアによって実装される．すなわちソフトウェアは，製品の付加価値を担っている．ソフトウェアの役割の変化を図1.1に示す．

このように，今やソフトウェアは産業と情報化社会発展の担い手として重要な役割を持つようになってきている．しかし，それに伴

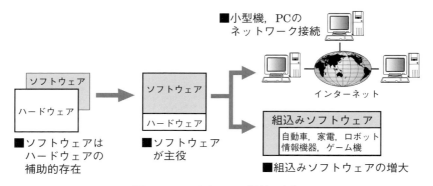

図1.1　ソフトウェアの役割の変化

って，ソフトウェアの複雑化と大規模化が進み，ビジネス競争が激化する中で，多くの開発プロジェクトが，スケジュール遅延，コスト割れに追い込まれるようになった．また，ソフトウェアが実社会に密接かつ重要な役割を果たすほど，その不具合による重大な社会的・経済的損失の発生が問題となった．

ソフトウェア開発には，次に示すような課題がある．
① 市場のニーズに対応するソフトウェアをいかにタイミングよく効率的に開発するか
② コンピュータシステムが広く社会で使われるようになってきた現在，ソフトウェアの不具合が社会的問題を引き起こしかねない．このようなソフトウェアの品質をいかに向上させるか
③ ソフトウェアの改修や仕様の変更をいかに安全かつ効率よく行うか

このような課題に対して，体系的な開発方法，技法，管理技術が必要になっている．

## ■1.2 ソフトウェアの特徴

### ■1. ソフトウェアの定義

ソフトウェアは，図1.2に示すようにプログラム，手順・技法，ドキュメントから構成される．JIS情報処理用語\*では，「情報処理システムのプログラム，手続き，規則及び関連文書の全体又は一部分」と定義されている．

\* JIS X 0001 -1994

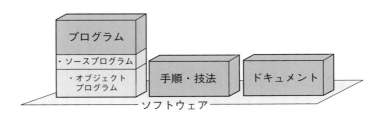

図1.2 ソフトウェアの構成

プログラムは，データ処理や計算をコンピュータに指令する命令群からなる．また，プログラムの形態には，処理を言語で記述したソースプログラムと，ハードウェアで実行可能な形態に変換されたオブジェクトプログラムがある．**手順・技法**は，プログラムを開発していく概念と手順を示し，技法はそれぞれの手順における作成方法やツールである．**ドキュメント**は，ソフトウェア開発の計画書，設計仕様書，テスト仕様書，操作説明書，保守説明書などであり，ソフトウェア開発段階の仕様確認および開発後の保守作業に必要なものである．

ソースプログラム：source program

オブジェクトプログラム：object program

## 2. ソフトウェア開発の特徴

ソフトウェアは，物理的な形状を持つハードウェアと異なった特徴を持っている．ハードウェアの製造過程で行われる分析，設計，製造，テストは，最終的に物理的な形に変換されるが，ソフトウェアは物理的ではなく論理的な構造物である．そのため，ソフトウェア開発は次のような特徴を持っている．

**(a) 実態がつかみにくい**

ソフトウェアは人間の知的な作業の産物であり，その作業は開発者の頭の中で行われる．ドキュメントがソフトウェアの実態の一部を公開する手段であるが，開発工程がどこまで進んでいるか，仕様どおりのものができつつあるのかはつかみにくい．

**(b) 開発工程に作業が集中する**

ハードウェアを作る場合，作業は開発と製造に大別され，品質問題・コストともに両方の段階で発生するが，ソフトウェアは開発の工程が大部分を占め，品質問題もコストもここに集中する．

**(c) 運用・保守期間が長い**

ソフトウェア開発には，計画，実際の開発，完成したソフトウェアを実際に運用し一部の機能・性能の改良を行う運用・保守に大別される．一般に，この運用・保守期間は開発に要した期間よりはるかに長い．

**(d) 再利用が少ない**

ハードウェア開発にあたって設計者は，通常，既存の部品を使うことを前提とし，既存のものでは仕様を満足しない特定の部品に対

してのみ該当部品の開発を行う．いわば，部品の再利用（流用）が定着している．ソフトウェアの開発においては，再利用可能な部品ソフトウェアの標準化が難しく，流通した部品として再利用できるような段階には至っていない．

## 3. 良いソフトウェアの概念

ソフトウェアには，良いソフトウェアと悪いソフトウェアの概念がある．これは通常の工業製品と同じであるが，ソフトウェアの品質は 1.2 節 2 項で説明した特徴のように，特に開発の過程で決定される．ユーザ側から見た視点とソフトウェアの特性から見た視点から，良いソフトウェアに要求される主な事項を図 1.3 に示す．

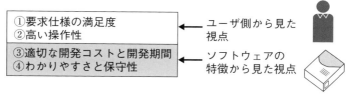

図 1.3　良いソフトウェアの概念

**（a）要求仕様の満足度**

顧客の要求仕様が満足されていることと，その品質が保証されていることがあげられる．市販されるパッケージソフトウェアは，市場ニーズを反映した特徴を持っていることが必要となる．

**（b）高い操作性**

煩雑な操作が必要なく，使いやすいことがあげられる．これには，システムが動作している状態と次にユーザが行う操作がわかりやすくなっていること，トラブルが発生したときの回復処理が容易なことが重要である．

**（c）適切な開発コストと開発期間**

ソフトウェア開発コストは，その多くが人件費であり，開発工数に比例する．開発コストはソフトウェア価格に影響し，開発期間の遅れはソフトウェアの運用を待っている業務に多大の悪影響を与える．パッケージソフトウェアの場合は，ソフトウェア仕様の陳腐化

をまねき，その価値を低下させる．したがって，ソフトウェアは計画段階で見積もられた適切なコストで作成され，さらに目標期間内に完成することが求められる．

**(d) わかりやすさと保守性**

ソフトウェアが完成して運用されると，必ずといっていいほど細かい改良や不具合の改修，すなわち保守が発生する．保守のためには，ソフトウェアの構成，プログラミングおよびドキュメントがわかりやすくなっていることが要求される．

## ■ 1.3 ソフトウェアの分類

ソフトウェアの分類法には種々の方法があるが，ハードウェアとの関係および利用範囲で分類することが多い．すなわち，図1.4に示すように基本ソフトウェア，応用ソフトウェアおよびこれらの中間の機能を持つミドルウェアに分類される．

```
応用ソフトウェア
・業種別ソフトウェア：金融業，製造業，流通業，サービス業
・業務別ソフトウェア：販売，生産管理，購買，人事，経理等
・共通応用ソフトウェア：表計算，統計処理，CAD，Web作成ツール等
ミドルウェア
・データベース管理，ネットワーク管理，GUI等
基本ソフトウェア
・オペレーティングシステム（OS），言語処理，サービスプログラム等
```

図1.4 階層によるソフトウェアの分類

OS：Operating System

**基本ソフトウェア**は，オペレーティングシステム（OS）が主体であり，ハードウェアの機能を生かして，プログラムの実行，データ管理や操作上のインタフェースを取り扱う．サービスプログラムは，プログラムの作成や運用を支援するためのソフトウェアである．

**応用ソフトウェア**は，業種別ソフトウェア，業務別ソフトウェアと共通応用ソフトウェアに分けられる．業種別ソフトウェアは，金

融,製造,サービスなどの業種に対応して個別に作成されるソフトウェアである.業務別ソフトウェアは,多くの業種に含まれる各種の業務,すなわち販売,人事,経理などのソフトウェアである.共通応用ソフトウェアは,各種の業種や業務において共通に使われる

> **Column 組込みソフトウェア**
>
> 　組込みシステムは,各種の機械や機器に組み込まれて特定の機能を実現するための制御を行うコンピュータシステムである.組込みシステムを用途別に分け,そこに適用される機械や機器の例を図 1.5 に示す.組込みソフトウェアは組込みシステムのソフトウェアであり,次のような特質を持っている.
> ① ハードウェア,ソフトウェアとも専用のものを開発することが多く,その場合,ハードウェアとのインタフェースの知識を持ってソフトウェアを開発する必要がある.
> ② 機械や機器の制御を行うシステムでは,リアルタイム性が要求される.
> ③ 出荷後の修正が困難なため,高い信頼性が要求される.
> ④ ソフトウェアの開発においては,開発環境と実行マシンが分離されている場合が多く,パソコンなどの開発環境で開発し,実行マシンに実装する方法が取られる.
>
> ソフトウェア開発は,上記のような特定ハードウェアを扱う必要性や OS を持たない場合などがあり,機器とのインタフェースや時間的制約の満足,開発環境の違いに注意を要する場合がある.しかし,それ以外のソフトウェア開発のやり方や必要な技術は,情報システムと基本的な部分では同じである.
>
> | 生活用途 | 産業用途 |
> |---|---|
> | ・家電:エアコン,洗濯機,冷蔵庫,炊飯器,電子レンジ<br>・情報家電:テレビ,ビデオ,電話機,ファクシミリ,オーディオ機器,プリンタ,スキャナ | ・産業機械:クレーン,工作機械,加工機,シーケンサ,産業用ロボット<br>・輸送機:自動車,鉄道,航空機,船舶,人工衛星,昇降機<br>・計測器 |
> | モバイル用途/個人用途 | 業務用途 |
> | ・モバイル用途:携帯電話,スマートフォン,タブレット,カーナビ<br>・個人用途:ゲーム機,玩具 | ・事務機:複写機<br>・金銭処理機:ATM,自動販売機,券売機,自動改札機<br>・医療機器:MRI,CT,X線,心電計<br>・介護,福祉関連機器 |
>
> 図 1.5　組込みシステムの用途と機械・機器の例

CAD：Computer Aided Design
コンピュータ援助または支援による設計.

表計算，CAD，Web作成ツールなどであり，多くのソフトウェアが市販されている．

**ミドルウェア**は，応用ソフトウェアと基本ソフトウェアの中間にあって，各種の応用ソフトウェアで共通に使われる機能を抜き出して共通なソフトウェアとしたものである．

さらにこの他に，機器に組み込まれるソフトウェアがある．これは，携帯電話，カーナビのような情報機器，ロボットやエンジン制御のような制御機器，洗濯機や電子レンジのような家電などに組み込まれるマイクロプロセッサ上のソフトウェアである．従来，電子回路のハードウェアで実現されていた機能が，マイクロプロセッサの高性能化によってソフトウェアで実行可能の範囲が広がり，組込みソフトウェアの開発量は増加しつつある．

## ■ 1.4 ソフトウェアのライフサイクル

ソフトウェア開発においては，まず開発計画が設定され，それから実際のソフトウェア開発に入る．ソフトウェア開発には，図1.6に示すように，**要求分析**，**外部設計**，**内部設計**，**プログラミング**，**テスト**の段階があり，この段階を経て**運用・保守**の段階に移る．この段階では，運用して始めて検知される不具合の修正が行われる．また，業務内容の一部変更に応じて，ソフトウェアの小規模の改良や機能追加も行われる．

一般に，運用・保守の期間は開発の時間に比べて長く，数倍になるケースもある．運用してから長期間経つと，業務内容やデータ量が変化してきてソフトウェアの部分的な改良では対処できない時期

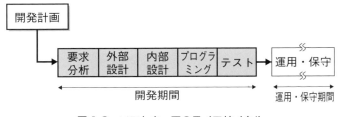

図1.6　ソフトウェアのライフサイクル

ソフトウェアライフサイクル：
software life cycle

が到来する．この時点で，それまでのソフトウェアの役目は終了し，新しいソフトウェア開発が必要となる．

このように，計画，開発，運用・保守までを**ソフトウェアライフサイクル**と呼ぶ．

## 1.5 ソフトウェア開発の課題

### 1．ソフトウェア危機

NATO：北大西洋条約機構
ソフトウェア危機：Software Crisis

1968年に開催されたNATOの科学委員会の会合で「**ソフトウェア危機**」という言葉が提唱された．この言葉は，ソフトウェア開発がニーズに追いつかず，コンピュータシステムの発展を妨げてしまうという危機感に対して使用された．ソフトウェア危機の内容とその後のソフトウェア工学との関係を図1.7に示す．

まず，ソフトウェア危機については，主に次のような事態が発生し，問題視されていた．

バックログ：積残し

① ソフトウェアの規模が急速に増大して開発が間に合わず，バックログがおき，コンピュータの進展を妨げる．ソフトウェア開発技術者の不足も要因の1つになる．
② ソフトウェア開発プロジェクトの巨大化に伴って，ソフトウェアに内在するバグ（プログラム上の誤り）が品質を低下させる．ソフトウェアトラブルの発生が社会的問題を引き起こすことがある．
③ ソフトウェア開発コストが増大してくる．

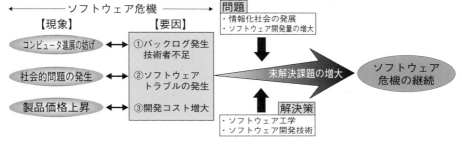

図1.7 ソフトウェア危機

このような問題が契機となって，ソフトウェア開発方法に工学的な方法を取り入れていこうという意義から**ソフトウェア工学**が生まれた．この契期となったのが，1975年開催のソフトウェアエンジニアリング国際会議（ICSE）である．ソフトウェア工学に基づく技術は，開発の現場ではソフトウェア開発技術やソフトウェア生産技術と呼ばれている．

ソフトウェア工学とソフトウェア生産技術は大きな進展が見られるが，それでもソフトウェア危機が解決されたわけではない．情報化社会の発展とともに，必要とされるソフトウェア開発の量は著しく増加している．ソフトウェアトラブルの発生が及ぼす影響度も広範囲化，深刻化してきており，ソフトウェア危機は依然として継続しているといえる．

ソフトウェア工学：
software engineering
ICSE：
International Conference on Software Engineering

## ▎2．ソフトウェア開発現場における課題

ソフトウェア工学は，ソフトウェアに関する科学的概念と理論を抽出し，ソフトウェア開発の全段階において工学的な開発方法論，技法を取り入れ，ソフトウェア開発をより工学的にしていくことを目的としている．

ソフトウェア工学は，開発ソフトウェアの大規模化による危機の到来を，属人性を排した生産技術の導入と展開により，生産性の向上を図ることで切り抜けようとしてきた．この結果，ある種のよく使われるソフトウェアのパッケージ化，開発作業の標準化，簡単な作業のソフトウェアツールによる半自動化などが行われ，ソフトウェアの大規模化，開発期間短縮化が可能になってきた．

これらの対策により，確かに面倒だが簡単な作業は減った．しかしながら，結果としてさらに難しい課題ばかりが残るようになってきている．つまり，要求分析・定義の課題，品質・納期・コスト，そして人を管理する課題，常に新しい開発技術を取捨選択していく課題などである．

ソフトウェア開発の現場では，ソフトウェア工学の成果を基盤にしつつも，日々これらの課題を解決すべく努力が続けられている．ソフトウェア開発現場には，図1.8に示すような主な課題がある．それらに対応する事項と本書の内容との関連を以下に述べる．

## 1.5 ソフトウェア開発の課題

```
■ 要求仕様決定の困難性
  →顧客の不満足度または開発工数・期間・
   費用の限度超過を招く
■ 再利用の困難性
  →再利用がなかなか進まない
■ プロジェクトトラブルの発生可能性
  →大幅な工数遅延などの回復困難なトラブ
   ルの突然の発覚
■ 開発規模・工数見積りの誤り
  →開発期間・費用の超過を招く
```

図1.8 ソフトウェア開発現場における主な課題

### (a) 要求仕様決定の困難性

要求仕様は，とかく顧客の願望仕様的なものであり，そのまま開発していくことは開発工数，費用の限度を超え，さらに技術的実現性が不確実になる場合がある．要求仕様の決定においては，工数・費用の妥当性と技術的実現性が得られなければならない．

*1 第3章参照．

➡**願望仕様を実現可能仕様にしていくためには，要求分析**[*1]**が重要な役割を持つ．**

### (b) 再利用の困難性

1.2節2項で述べたように，ソフトウェア開発には再利用が少ない．その効果が理解されていても，再利用対象が見つけにくい，品質の検証に不安があるなどの理由で，ほとんど再利用されないのが現状である．

*2 第8章参照．

➡**ソフトウェア再利用**[*2]**には，技法の活用および組織的取組みが必要となる．**

### (c) プロジェクトトラブルの発生可能性

ソフトウェアの開発工程は予定どおりの進捗なのかどうか把握しにくい．大幅な工程遅延が突然判明して，回復困難な状態になってしまう可能性がある．特に，開発プロジェクトの設計段階，プログラミング段階，テスト段階で，大幅な工程の遅れが突然発覚するトラブル発生がよくある．これは，図1.9に示すように現象的には突然の発生であっても，トラブルの原因が積み重なった結果の現れである．

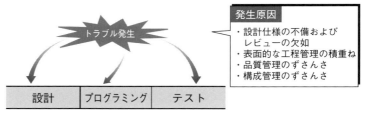

【トラブル現象】
・大幅な工程遅れの発覚
・技術的な実現不可能事項の発覚
・プログラム間インタフェースの具体性欠如の発覚
・大幅な工数,費用オーバ見通しの顕在化
・不具合収束せず
・開発工程の再設定見通し立たず
・プロジェクトメンバのモラル,連帯性の欠如

図1.9　プロジェクトトラブルの発覚

*1　第2章参照.
*2　第9章参照.

　➡ソフトウェア開発プロセス*¹ に対応したプロジェクト管理と品質管理*² に基づく着実な管理が重要となる.

（d）ソフトウェア開発規模・工数見積りの誤り

　開発計画の段階で規模・工数の見積りを誤ると,開発工程の遅延,費用のオーバを招く.

*3　第10章参照.

　➡ソフトウェアの規模と工数の見積り*³ における**各種技法,蓄積した経験データの活用**が必要になる.

**問1**　ソフトウェア開発の特徴を2つあげ,その理由と考察事項を述べよ.

**問2**　良いソフトウェアに要求される事項を3つあげ,その理由を述べよ.

**問3**　かつて,ソフトウェア危機と呼ばれた問題の背景の1つに,ソフトウェア開発規模の増大がソフトウェアトラブルによる社会問題発生に繋がったことがあげられている.開発規模とトラブルとの関係について考察事項を述べよ.

**問4**　ソフトウェア開発における課題を3つあげ,その理由を述べよ.

**問5**　組込みソフトウェアが含まれている身近な機器をいくつかあげ,組込みソフトウェアがどのような機能を実現しているかを考えよ.

# 第2章 ソフトウェア開発プロセス

　ソフトウェア開発は，まず全体計画が決められ，それに基づき手順に則って開発が進められる．開発手順は，要求分析，設計，プログラミング，テスト，運用・保守の段階がつながったもので，その開発プロセスにはウォータフォールモデルをはじめとしていくつかのモデルがある．

　本章では，はじめにソフトウェア開発計画について説明し，次にソフトウェア開発プロセスといくつかのモデルについて説明する．

## 2.1 開発計画

　ソフトウェア開発では，まず**開発計画**が先行する．開発計画では，図 2.1 に示すように，開発目的，目標，時期が設定され，開発方法，開発に必要な工数の見積りと費用が算出される．これらの計画に基づいて開発体制準備が進められていく．開発の目的，目標および時期は，何を目指して，どこまでのものを，どの時期に実現するかであり，開発するソフトウェアの種類によって異なる．

　図 1.4 に示した業種別ソフトウェアや業務別ソフトウェアを情報システム革新の一環として開発する場合には，開発の目的と目標

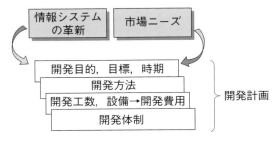

図 2.1　ソフトウェア開発計画の内容

は，企業戦略に基づく効果が第一に設定される．共通応用ソフトウェアや基本ソフトウェアのような汎用性のあるソフトウェアの開発では，市場ニーズを適確に分析し，目標仕様と市場に出す時期が設定される．また，機器に組み込まれるソフトウェア開発の場合には，機器製品の開発計画と一体となった目的，目標，時期が設定される．

　**開発方法**については，新規に開発するのか，従来システムをどの程度利用するのかなどの基本方針が決められる．どれだけの人間がどれだけの開発期間かかるかを示す工数については，まず開発するソフトウェアの規模を算出してこれをもとに見積りを行う．開発費用は，開発要員の人件費，開発用のコンピュータ関連機器とネットワーク費用などの総計であるが，その大半が人件費であり，開発工数に依存する．このようにして開発計画が設定され，開発開始時期が決まるとそれに対応した開発体制の編成が進められる．

## 2.2　ソフトウェア開発プロセス

　ソフトウェア開発プロセスは，各段階に分けられた一連の作業，すなわち開発の工程のつながりである．これはソフトウェアのライフサイクルと呼ばれる．開発プロセスを構成する段階は，要求分析，外部設計，内部設計，プログラミング，テスト，運用・保守に分けられ，それぞれの段階には作業内容が対応している．作業の成果物は，ドキュメントなどの生産物としてまとめられる．

ソフトウェア開発プロセスの各段階の作業内容と生産物を以下に述べる．

**(a) 要求分析**

開発するソフトウェアで実現する仕様を明確にする．そのためには，業務を分析し，ユーザの視点で要求内容を記述するとともに，開発側の視点で見た技術実現性，コスト，開発期間の妥当性を踏まえた内容となる．

・**作成する生産物**：要求仕様書*

*機能仕様書と呼ぶ場合もある．

**(b) 外部設計**

規模の大きいソフトウェアに対しては，開発がしやすいようなサブシステムに分割する．このサブシステムごとに，外部から見た仕様の設計を行う．外部仕様の主なものは，ソフトウェアが実現する機能，操作方法，ユーザインタフェース，コード設計などである．テストをどのように行うかは，通常，外部設計の段階で決める．

・**作成する生産物**：外部設計書（外部仕様書）

**(c) 内部設計**

外部仕様を実現するための内部方式，モジュール構造化設計を行う．

・**作成する生産物**：内部設計書（内部仕様書）

**(d) プログラミング**

プログラミングの仕様を明確にし，それに基づくコーディングを行う．プログラムの仕様には，プログラム単位の機能，内部方式，モジュール間インタフェース，フローチャートが含まれる．

・**作成する生産物**：プログラム仕様書，ソースコード

**(e) テスト**

プログラミングしたソフトウェアのテストを行う．テストには，プログラム単位で行う単体テスト，関連するプログラム間で行う結合テスト，外部設計書の動作を確認するシステムテスト，運用に先立って行う最終的な運用テストがある．

・**作成する生産物**：テスト仕様書，テスト成績書

**(f) 運用・保守**

開発されたソフトウェアは，テスト後に運用・保守に入る．保守では，運用後に判明した不具合の改修や細かい改良を行う．通常，

何年かにわたって修正や改良が行われ，最後に使用が終了する．また，運用に先立ち，運用マニュアル，操作説明書，保守マニュアルが作成される．

・**作成する生産物**：運用マニュアル，操作説明書，保守マニュアル

## ■2.3 プロセスモデル

ソフトウェアの開発の計画段階では，開発するソフトウェアの特質や規模，期間や開発メンバーの構成などに対して，どのような方式や手順でやっていくかをプロセスモデルで表して検討する．プロセスモデルには，ウォータフォールモデルをはじめとしていくつかのモデルがある．

### ▍1．ウォータフォールモデル

開発の各段階を，図2.2に示すように逐次的な手順で進める方法が**ウォータフォールモデル\***である．ウォータフォールモデルでは，まず要求分析を明確にしてから外部設計，内部設計，プログラミング，テストを順番に行い，次に運用・保守に移っていく．各段階では，作業の生産物を作成し，それを次の段階へ引き渡していく．

\*ウォータフォールモデル（waterfall model）
順々に段階を踏んで工程を進めていく様を上流から下流に流れる水にたとえ，ウォータフォール（滝）モデルと呼んでいる．

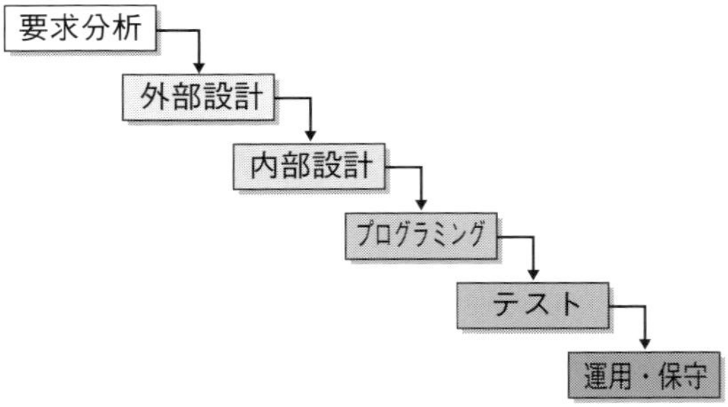

図2.2　ウォータフォールモデル

大規模なソフトウェアは，外部設計の段階でサブシステムに分割し，さらに内部設計の段階でモジュールに分割する**段階的詳細化**を

行う．また，テストの過程で段階的に結合と集約を行う．

　ウォーターフォールモデルは，実際の開発で伝統的に行われてきているモデルである．特に，大規模なソフトウェアを大人数の要員で開発していくプロジェクトにおいては，各段階の作業が明確に定義されており，各段階を順番に進めていくことができる．そのため，開発の進捗管理が容易で，作業の分担も明確になり，信頼性の高いソフトウェアを作り上げていくためには効果的な方法である．

　ただし，ウォーターフォールモデルには，実際の開発現場からも指摘されているように，次のような問題点が存在している．

① 実際のソフトウェア開発では，順番どおりに作業を進められることは少なく，作業のやり直しや前段階への戻りが生じるが，ウォーターフォールモデルではこれらを表現できない．そのため，設計の段階で要求分析の矛盾や問題点，またプログラミングの段階で設計の不具合が見つかったとしても上流にさかのぼって修正することが困難であり，多くの時間と作業量を要する．

② 各段階ごとに順番に作業を進めなくてはならないため，上流の段階で遅れが生じると，その進捗に依存している下流の段階では，開発者に待ちの状態が生じ，全体工程の遅れにつながる．

③ 要求分析作業が終了し，その結果を要求定義としてドキュメント化しないと次の設計段階に進めない．顧客がすべての要求を最初に出しつくすことは現実的に困難で，実際には要求定義が完結しないまま次の段階に移らざるをえなくなり，開発プロセスを守れず混乱が生じることになる．

④ ソフトウェアの動作結果を，テストの段階でないと確認できない．テスト段階に至るまでには長期間かかり，この段階で要求事項との相違が判明しても，その修正には多くの時間と作業を必要とする．

　ウォーターフォールモデルの特長と問題点をまとめたものを表 2.1 に示す．表 2.1 からもわかるように，ウォーターフォールモデルには多くの問題点が存在する．しかしながら，完全な開発方法というものは現実には存在しない．したがって，ウォーターフォールを厳格に適用するのではなく，開発プロジェクトごとに運用上の基準を決め

表 2.1 ウォータフォールモデルの特長と問題点

| 特　長 | 問題点 | 問題点への対応策 |
|---|---|---|
| ・逐次的に開発を進められ，各段階の成果はドキュメントによって段階的に引き継がれるので進捗管理が容易<br>・各段階ごとの作業分担がしやすい<br>・大規模システムの開発に向いている<br>・開発方法として定着しており，開発要員の教育がしやすい | ・要求定義の結果がコンピュータ上の動作で確認されるまで長期間を要する<br>・作業中のある段階で遅れが生じると，それ以降の段階に遅れが波及し，次々に工程遅れが生じる<br>・作業中の段階で上流段階の不具合が見つかった場合，上流にさかのぼって修正するのに多くの労力を要する | ・要求定義の内容をプロトタイピングで確認する<br>・サブシステムごとに分割開発できる場合には，サブシステム単位にスパイラルモデルを用いる |

て柔軟に対応を図れるようにしたり，後述する**プロトタイピングモデル**などを組み合わせて開発が行われている．

　ウォータフォールモデルにおいて，設計とテストの相互関連を表すと，図2.3に示すようになる．このように，プログラミング段階のコーディングを折返し点としてV字形を描き，左側に要求分析，システム設計の外部設計，内部設計を，右側にシステムテスト，運用テストを配置したものを**Vモデル**または**Vカーブ**と呼ぶ．

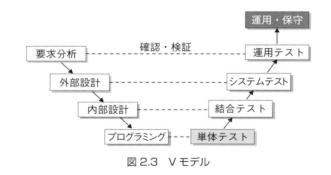

図 2.3　V モデル

＊検証のためには，各プロセスの成果物間にトレーサビリティが必要となる．トレーサビリティとは，成果物の部分が他の成果物のどこに依存しているかをたどるための情報のことである

　図2.3からもわかるように，内部設計，プログラム仕様書は単体テスト・結合テストによって，システム設計・外部設計はシステムテストによって，要求分析は運用テストによって検証する＊．また，

逆にテスト段階で判明した不具合は，左側の対応する設計にさかのぼった作業を必要とする．

## ▍2．プロトタイピングモデル

プロトタイピングモデルは，要求分析内容の主要部分を試作し，ユーザとの仕様確認結果をフィードバックして，プロトタイプを繰返し修正しつつ要求内容の確認を行うモデルである．特に，ユーザインタフェースの確認に使用することが多い．

また，プロトタイピングモデルでは，外部設計，内部設計において技術課題がある場合，プロトタイプを作って実現性の確認を行うことがある．プロトタイピングモデルをウォータフォールモデルと組み合わせたモデルを図 2.4 に示す．

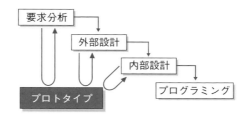

図 2.4　プロトタイピングとウォータフォールの組合せモデル

プロトタイピングモデルには
①　使い捨て型プロトタイピング

進化型モデル：
evolutional model
②　進化型プロトタイピング

がある．後者では，図 2.5 に示すように，まずプロトタイプ第 1 版を作成し，仕様確認のあとさらに必要とする機能を追加してプロト

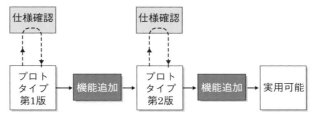

図 2.5　進化型プロトタイピング

タイプ第2版を作成する.この過程を繰り返し,実用可能なものとしていく.

## 3. スパイラルモデル

スパイラル (spiral):螺旋

スパイラルモデルは,ウォータフォールモデルとプロトタイピングの発展的進化を組み合わせたモデルである.

このモデルは,図2.6に示すように,4つの区域を渦巻き状に開発を進めていく.4つの区域とは,目標・対策・制約決定の区域,対策評価の区域,開発・検証の区域,および次の計画を決める計画の区域である.この4つの区域を1サイクルとして,ソフトウェア開発をいくつかのサイクルを繰り返して進めていく.このことにより,リスクを早い段階で検出して対応をとることができる.はじめに,ソフトウェアの中核部分のプロトタイプをスパイラルモデルのサイクルに沿って作成し,次に中核部分を同じようなサイクルを繰り返して開発を行う.続いて周辺部分を同じように開発し,中核部分に追加していく方法がとられる.

スパイラルモデルは,これらの区域を繰返し通ることにより,仕様の確認,リスクの分析と回避,代替案の取入れなどを含めて開発を進めていくことが特徴である.

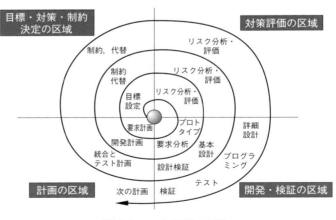

図2.6 スパイラルモデル

##  システムエンジニア,ソフトウェア技術者,プログラマの役割

　本書は,ソフトウェア開発における 3 つの役割,システムエンジニア(SE),ソフトウェア技術者,プログラマが持つべき基礎的技術を扱っている.各役割は,ソフトウェアの規模や開発目標などによって異なるが,図 2.7 に示すような作業分担によって開発が行われる場合が多い.図中の横線の太さは,その作業へのかかわり方の強さを示している.

＜SE の役割＞
・1. 業務の分析と運用要求の定義
・2. システム設計と見積り(工数,費用,工程,人員確保)
・3. ソフトウェア開発のプロジェクト推進,工程管理
・4. システムテスト,運用へのシフト支援

＜ソフトウェア技術者の役割＞
・2. システム設計の支援
・3. ソフトウェア開発における設計,プログラミングのレビュー,テスト
・4. システムテストの支援

＜プログラマの役割＞
・3. ソフトウェア開発における設計支援,プログラミング,テスト
・4. システムテストの支援

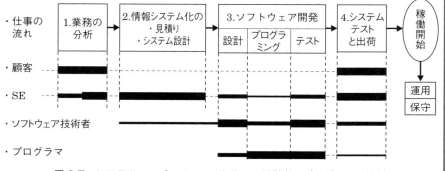

図 2.7　システムエンジニア,ソフトウェア開発者,プログラマの役割

## 演習問題

問1　ウォータフォールモデルの特徴と課題を3つずつあげ，それぞれの理由を述べよ．

問2　プロトタイピングモデルの目的を述べよ．

問3　スパイラルモデルの特徴を述べよ．

# 第3章

# 要求分析

　この章では，ソフトウェア開発の初期段階に行われる要求分析の手法について述べる．

　まず最初に要求分析とは何かについて述べ，要求分析の課題について説明する．次に，要求分析の3つの手順，すなわちユーザ要求の獲得，表現，妥当性確認について詳しく説明する．獲得は問題に関連するすべての情報を収集すること，表現は得られた情報を論理的な要求モデルに変換し仕様として正確に記述すること，妥当性確認は要求モデルや仕様に間違いがないことを確かめることである．

## 3.1 要求分析とは

　**要求分析**はソフトウェア開発の初期段階で行われるもので，何をこのソフトウェアで実現すべきかを明らかにする作業である．このため，要求分析の質の良否がソフトウェア開発全体に大きく影響を与える．要求分析は，ユーザ要求を仕様化するプロセスを研究する「要求工学」の分野で，1970年代から長年にわたり，議論と検討が行われてきた．

　要求分析とは，図3.1に示すように，要求分析者がユーザの要求

# 第3章 要求分析

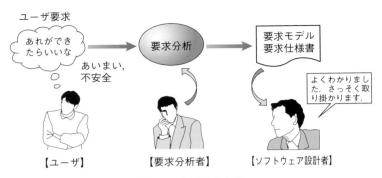

図 3.1　要求分析とは

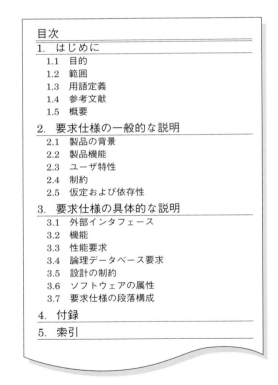

図 3.2　要求仕様の構成例（IEEE830）

## 3.1 要求分析とは

を的確に把握し，ユーザ*に満足してもらえる実現可能な**要求モデル**を作成し，ソフトウェア設計者が正確に判断できる**要求仕様書**としてまとめることである．

要求仕様は，大きく機能仕様と非機能仕様の2つに分けることができる．**機能仕様**は，そのシステムが実現する機能要件，すなわち「システムは……できる」である．また，**非機能仕様**は，システム機能の持つべき性能，保守性，安全性，信頼性，セキュリティ，相互運用性などに関する要件で，品質特性に大きく関連している．

要求仕様書は各種の要求モデルによって記述されているもので，これが要求分析の作業結果となる．要求仕様書は要求分析の次の段階であるソフトウェア設計の入力となるものであり，ソフトウェアの開発を発注／受注する際の契約文書としても重要な役割を果たす．図 3.2 に IEEE830 による要求仕様の構成例を示す．また図 3.3 に要求仕様の具体記述例を示す．

要求分析者は，図 3.4 に示すように，ユーザとソフトウェア設計者の両方の立場で要求仕様を考えることが求められている．つまり，ユーザの視点で開発するソフトウェアの目的，機能，性能，制約条件などの要求記述を行うとともに，設計者の視点でこれらの要求が技術面，コスト面や開発期間から見て本当に実現可能かどうかを検討する実現性検証を行うものである*．

要求分析を行う際に注意すべき点は，ユーザ自身が話したり書いたりした要求は，必ずしもユーザの求めている内容を表していないことである．また，ユーザと要求分析者の間にコミュニケーションエラーがあり，誤った要求を記述してしまうこともある．ユーザの潜在的要求や，時間経過とともに生じるユーザ要求の変化が，最終的なソフトウェア製品の納入時やテスト段階で要求変更となって現れ，その修正に膨大なコストと時間のロスを生じてしまう．要求分析における仕様の誤りを修正するためのコストは，図 3.5 に示すように，ソフトウェア設計，コーディングと後工程になるに従って 5 倍，10 倍と雪ダルマ式に膨らみ，テスト段階や運用開始後では 20 倍，200 倍の膨大な規模になってしまう．

このように，要求分析はソフトウェア開発全体から見て大変重要な作業であり，上記の問題を解決して的確な要求仕様を獲得するこ

*ここでいうユーザとは，開発されたソフトウェアを使用する人だけでなく，保守者，マネジャ，開発の発注や指示を行う顧客を含めたものとしている．

*実際には，ソフトウェア設計者が要求分析者となることもある．

```
「履修登録支援システム」ソフトウェア要求仕様書

1. はじめに
  1.1 目的
    本仕様書は，「履修登録支援システム」ソフトウェア開発のための要求仕様について述べたものであり，ソフトウェア設計を行うために必要な情報を提供するものである．
  1.2 範囲
    大学において，学生が行う履修登録作業の他に，職員が準備するカリキュラムの登録・編集作業，および教員が準備する講義シラバス情報の登録・編集作業も本システムの対象範囲とする．学生情報管理や成績情報管理については，本システムの範囲外とする．
  1.3 用語定義
    ・学生：学部生，大学院生，研究生とする
    ・教員：専任教員，非常勤教員とする
    ・職員：教学課職員とする
  1.4 参考文献
    ・学生便覧，   ・大学規則
  1.5 概要
    本仕様書では以下に，製品の背景や製品機能などの「要求仕様の一般的な説明」，および外部インタフェース，個別機能や性能要求などの「要求仕様の具体的な説明」について記述する．
2. 要求仕様の一般的な説明
  2.1 製品の背景
    従来，学生は紙資料や学内システムで講義一覧表を確認しながら履修する講義を決め，学内の専用端末にて履修登録を行っていた．このため，受講可能科目がわかりにくく履修科目の確認漏れが生じる可能性があった．このため，学生が便利に簡単に間違いなく履修登録が行えるシステムが必要とされており，本「履修登録支援システム」はこの趣旨に沿って開発されるものである．また，本システムの実現により，教員も受講者数の的確な把握や講義内容の学生への周知も十分に図れる効果が期待される．
  2.2 製品機能
    本システムは，大学の学期開始前後に学生の履修登録を支援するためのものである．学生は，大学キャンパスや自宅にてインターネットのウェブ画面経由で履修登録を行う．履修登録開始日までに，職員と教員はカリキュラムと講義シラバスを登録しておく．
    (1) 学生の履修登録機能
      インターネットのウェブ画面経由で履修登録を行う．学生は，まず初めに履修可能科目一覧により履修出来る科目とそのシラバスを確認した後，履修希望の講義科目を選択する．その後，履修科目登録画面より，履修希望の講義科目を選び履修登録を行う．
    (2) 教員のシラバス登録編集機能
      インターネットのウェブ画面経由で担当講義科目のシラバス登録を行う．教員は，担当科目一覧に記載された講義科目を確認した後，各講義科目のシラバス内容の登録を行う．
    (3) 職員のカリキュラム登録編集機能
      学内システムまたはインターネット上の画面経由で各学科のカリキュラム登録を行う．登録カリキュラムには，講義一覧，担当教員，単位数，履修可能クラス等が記載されている．
  2.3 ユーザ特性
    学生，教員，職員ともに，パソコン，インターネットにおける基本的な操作は可能であるあるものとする．
3. 要求仕様の具体的な説明
  (省略)
```

図 3.3　要求仕様の具体記述例

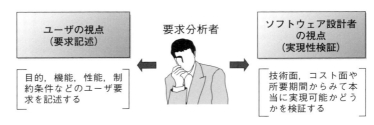

図 3.4　要求分析者の視点

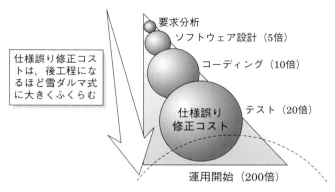

図 3.5 要求分析における仕様誤り修正コスト

とが求められている．

## ■3.2 要求分析における課題

要求分析においては，図 3.6 に示すように，ユーザ要求のあいまいさや多様性，ユーザと分析者間の相互理解の困難性，ユーザ要求の頻繁な変化などのいくつかの課題がある．

**(a) ユーザ要求のあいまいさ**

多くの場合，ユーザ自身が構築するシステムに対するニーズをあいまいにとらえている．夢がふくらみ，システムに対して過大な期待を持ったり，逆に中途半端で控えめな要求となったりすることもある．また，技術的な仕組みやコストとのからみがよくわからないために，要求仕様が過大になることもある．そのため，何を要望するのか，どういう機能を実現したいのか，システム化の目標をどのように設定するかなどに対する明確な解答や方向づけがないままシステム開発に移ることが多い．

**(b) ユーザ要求の多様性**

ユーザ要求は，個々のユーザの立場や背景によって多様で千差万別である．一口にユーザといっても，部門の責任者，システム管理者，エンドユーザなど立場が異なれば意見や利害も異なるし，年齢や知識によってものの見方，考え方が変化する．

図 3.6　要求分析における課題

表 3.1　機能面からの情報システムの分類例

| 情報システムの種類 | システム例 | 主な情報処理 |
|---|---|---|
| 計算機能主体 | ・気象予報システム<br>・機械構造解析システム<br>・図形処理システム | 数値計算 |
| 記憶機能主体 | ・情報検索システム<br>・取引システム<br>　（座席予約，物品の購入販売，<br>　預金口座への入出金など） | データ検索 |
| 通信機能主体 | ・メッセージ交換システム<br>　（電子メール，電子掲示板）<br>・データ集配信システム<br>　（売上データ集配信など） | 状態制御 |
| 制御機能主体 | ・プロセス制御システム<br>　（鉄鋼圧延プラント，<br>　化学プラント）<br>・数値制御システム<br>　（産業用ロボットなど） | |

　また，構築する情報システムによっても求める性能が異なってくる．情報システムの種類を機能面から分類した例を表3.1に示す．このような多様性のために，要求仕様の表現や検証の方法も，情報システムの種類ごとに異なってくる．

(c) ユーザと分析者間の相互理解の難しさ

　要求分析の作業において重要なことは，ユーザと分析者が共同で要求仕様の妥当性を確認することである．しかし，通常，ユーザは業務の専門家ではあっても情報処理技術の専門家ではなく，分析者

は情報処理技術の専門家ではあっても業務の専門家ではないことが多い．また，ユーザ共通の特性として，自分がよく知り，日常用いている言葉や知識は，分析者も当然知っていると考える傾向がある．

そのため，議論するための共通の言葉が限られ，互いに相手の言っていることが理解できなかったり，1つの表現を両者が異なって解釈してしまうようなケースが生じる．条件として明示すべきことでも，「この程度のことは常識だからいうまでもない」と意識的あるいは無意識のうちに記述を落してしまうこともある．

### (d) ユーザ要求の頻繁な変化

一般的に，ユーザが所属する組織のビジネス環境は大きく揺れ動いており，組織の目標や環境が変化することが多く，さらにこれに関連して組織構成そのものも変化する可能性がある．このため，必要な処理内容や情報の流れなどが変化し，要求分析の途中で，特定のユーザ要求の変化や追加要求の発生などに気づかず，結果的に以前正しかった要求が誤った要求となってしまうおそれがある．

## 3.3 要求分析の技法

要求分析とは，前節で述べたいくつかの課題を克服して，図3.7に示すように，ユーザが解決しようとしている問題に関するユーザ

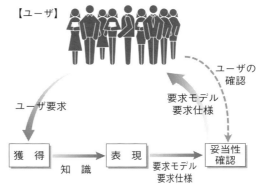

図3.7 要求分析の手順

要求の獲得，表現，妥当性確認の3つの作業を実施し，要求モデルを作り上げて詳細な要求仕様として記述することである．

ユーザ要求の獲得，表現，妥当性確認とは次のような作業である．

① **ユーザ要求の獲得**：主にユーザから直接，問題に関連する情報を収集・整理し，知識として理解する作業
② **ユーザ要求の表現**：得られた知識を要求モデルあるいは自然言語によって表現し，機能的な仕様やその他の仕様として記述する作業
③ **ユーザ要求の妥当性確認**：表現された要求仕様がユーザの意図と合っていることを確認し，あいまいさや抜け，矛盾がないことを確認する作業

## 1．ユーザ要求の獲得

ユーザは現状業務において様々な問題を持ち，さらにこの問題を解決したい要求・要望を持っている．この問題を理解するために現状の業務状況，体制，業務プロセスや既存システム機能などの情報を取得することや，問題を解決するための目標やゴールに関する情報を把握することが必要になる．またこれに関連して，将来的に課せられる制約事項の情報の獲得も大切になってくる．このようにユーザ要求の獲得とは，問題領域の要求モデルを作成するために，ユーザから必要な情報や関連知識を取得する作業である．この作業において獲得する情報・知識としては，表3.2に示すように，解決すべき問題，組織構成などがある．これらの情報や知識は，可能な限り漏れなく情報収集を行い，理解を深めることが必要である．このための方法として，インタビューによる分析，目的・目標の分析な

表3.2　ユーザ要求獲得の対象と方法

| 獲得する情報・知識 | 獲得の方法 |
|---|---|
| ・解決すべき問題と関連情報<br>・組織構成<br>・実現システムの利害関係者<br>・システム運用環境<br>・個別業務内容<br>・問題領域の範囲 | ・インタビューによる分析<br>・目的・目標の分析<br>・シナリオの利用<br>・プロトタイピング<br>・業務関連文書の利用 |

どがある．これらの獲得の方法について以下に説明する．

### (a) インタビューによる分析

目的のソフトウェアに対するユーザの観点は，個々人で必ずしも同じではなく*，それぞれが異なった観点からソフトウェアを位置づけている．要求分析のためのインタビューにおいては，できるだけ多くの観点を持った人々から問題分野についての情報を収集し，これをまとめることが重要である．このインタビュー作業により，要求分析課題のうちの「ユーザ要求のあいまいさ」「ユーザ要求の多様性」「ユーザと分析者間の相互理解の難しさ」の解決が期待される．

> *例えば企業を例に取ると，資金運営の担当者，運用や保守の担当者，仕様取りまとめの担当者など．

インタビューはユーザ要求の獲得作業の初期に行うもので，解決すべき問題は何か，組織構成はどのようになっているのか，などといった全体的で重要な情報を収集することができる．インタビューでは，分析者はユーザに自分の仕事について自由に話しをしてもらい，問題分野についての情報を収集する．さらに，詳細な情報を獲得するために，特定の問題にユーザの注意を向け，誘導的な質問によるインタビューを行うこともある．

効果的にインタビューを行い，できるだけ多くの種類の情報をユーザから引き出すためには，インタビュー環境を工夫して，リラックスした雰囲気を作り出すとよい．さらに，具体的な内容を誘導するために「このシステムによってどのような問題を解決したいですか？」，「このシステムはどのような運用環境で利用されますか？」などの質問をすることが重要である．また，多面的な意見を引き出すためには，「今の質問は的外れになっていませんか？」，「他に何か重要な点はありませんか？」などの質問を行うとよい．これにより，暗黙のうちに解釈されやすく，あいまいになりがちな問題を明らかにすることができる．

効果的なインタビューの方法をまとめたものを表 3.3 に示す．

### (b) 目的・目標の分析

組織や機械システムなどは，すべて達成すべき目的や目標を持っている．開発するシステムの目的・目標は，問題としている組織や情報システムの階層構造と対応して，図 3.8 に示すように，高い階層の目的，中間階層の目的，低い階層の目的という階層構造となっ

表3.3 効果的なインタビュー方法

| 目 的 | 方 法 |
|---|---|
| さまざまな種類の情報をユーザから引き出す | リラックスした雰囲気を作り出す |
| 特定の問題についての詳細な情報を収集する | 具体的な内容を誘導するための質問を行う |
| 暗黙のうちに解釈されやすくあいまいになりがちな問題を明らかにする | 多面的な意見を引き出すための質問を行う |

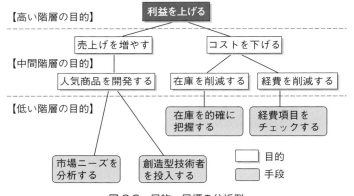

図3.8 目的・目標の分析例

ている．また，低い階層の目的は，目的達成のための具体的な方法を示していることが多く，「**手段**」といわれる．

例えば，高い階層の目的が「利益を上げる」ことである場合，図3.8に示すように，中間階層の目的は「売上げを増やす」と「コストを下げる」に展開されており，さらに詳細に目的が展開され，次々段階の階層の「市場ニーズを分析する」「創造型技術者を投入する」「在庫を的確に把握する」「経費項目をチェックする」の各手段に展開されている．このように，1つの目的はより具体的な次段階の目的に展開される．

これらの目的・目標の分析により，要求分析の課題である「要求分析のあいまいさ」や「ユーザ要求の多様性」の解決が期待できる．

### (c) シナリオの利用

シナリオとは，ユーザとシステムとのやりとりを具体的な例を用

| 1 | 参加者を受け付ける |
| --- | --- |
| 2 | 申込既登録者かどうかを尋ねる |
| 3 | 申込既登録者の場合，事前登録者台帳に記載の氏名，所属を確認して，該当すればシンポジウム資料を渡して，受付けを完了する |
| 4 | 申込未登録者の場合，当日登録者台帳に氏名，所属，連絡先を記入してもらう |
| 5 | 次に参加費を支払ってもらう．参加費は会員，一般，学生の種類ごとに，3,000円，5,000円，2,000円を徴収する |
| 6 | 参加費を徴収した後，シンポジウム資料を渡して受付けを完了する |

図3.9 シナリオ例（学会シンポジウムの受付業務）

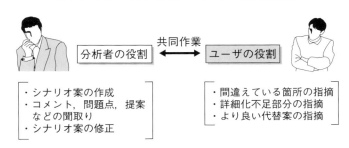

図3.10 シナリオ作成における役割

いて詳細に表現するもので，ユーザの業務内容や，ユーザがシステムからどのような情報を得たいかを分析者が理解するために用いる．想定されるシステムとの応答を，ユーザにわかりやすい文章や図表を用いて作成するため，ユーザ要求の獲得に効果がある．

シンポジウムの受付業務を例にとり，図3.9にそのシナリオ例を示す．

また，図3.10に示すように，シナリオ作成の作業は分析者とユーザと共同で行う．分析者が行うことは，シナリオ案を作成し，ユーザのコメント，問題点，提案などを聞き取り，その結果をフィードバックしてシナリオ案を修正することである．そして，ユーザの役割は，シナリオの誤っている箇所，詳細化不足部分，より良い代替案などについて指摘し，修正シナリオ案や詳細シナリオ案，代替シナリオ案などを提案することである．

**(d) プロトタイピング**

プロトタイピングとは，図3.11に示すように，いくつかのシナ

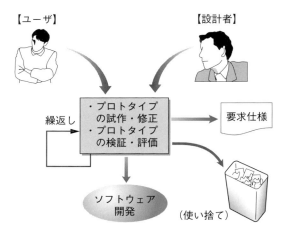

図3.11　プロタイピング手法

リオについて設計者がプロトタイプを試作し，ユーザの検証・評価の結果をフィードバックして，プロトタイプを繰返し修正し，要求仕様の獲得と確認をねらうものである．このように，シナリオ利用とプロトタイピング方式とは関連が深いものである．

　2.3節2項に示したように，プロトタイピングには大きく分けて使い捨て型プロトタイピングと進化型プロトタイピングの2種類がある．

① **使い捨て型プロトタイピング**：プロトタイプを作成して，効率良く的確にユーザ要求を導出し確認するためのもので，目的が達成されれば最終的にこのプロトタイプは破棄される．

② **進化型プロトタイピング**：システムの中核となる重要な部分からプロトタイプを作成し，ユーザの評価と提案を受け入れながら逐次改良を繰り返し，プロトタイプを最終的な開発ソフトウェアへ進化させて完成するものである．

　プロトタイピングは，図3.12に示すように，短期間に低コストで試作・評価が行えることを特長としている．また，プロトタイピングが効果を発揮する対象として，ユーザインタフェースや画面表示がある．ユーザが実際に画面表示を見たり，入力操作を行うことができるので，イメージに沿ったユーザインタフェースかどうかを確かめることができる．

3.3 要求分析の技法

```
プロトタイピング
├ 特長 ・プロトタイプを短期間で開発できる
│      ・特にユーザインタフェースに対する要
│       求分析に有効である
└ 注意点 ・ユーザの期待が過大になるおそれがある
         ・文書化がおろそかになるおそれがある
```

図 3.12 プロトタイピングの特長と問題点

ただし，プロトタイピングはユーザの期待が過大になって多くの機能を詰め込みすぎたり，プロトタイプの動作で安心してしまい文書化がおろそかになりやすいので，注意が必要である．また，この手法は一般的に性能や信頼性，セキュリティなどの非機能的仕様に関係するユーザ要求については適用は難しい[*1]．

**(e) 業務関連文書の利用**

要求分析を行う際には，業務関連文書を利用すると効果的である．

図 3.13 に示すように，対象分野や対象業務の基礎知識については，一般の解説書が利用できる．企業などの組織においては，全社組織図，部門ごとの組織図や業務役割分担表などの各種の組織図があるのが普通である．これらは，この部門での意思決定の仕組みや組織長の責任と権限を理解することに役立つ文書である．また，通常，各部門には業務マニュアルがあり，これより業務の目的や業務内容の詳細がわかるだけでなく，他業務や他部門との関わりについても情報を得ることができる．

これらの文書により，業務用語，業務機能を理解し，業務の体系を把握することができる[*2]．

*1 最近では，アルゴリズムやデータ構造の実装検証，処理速度やメモリ占有量などの性能評価を行うことを目的としたプロトタイピングも行われている．

*2 ただし，明文化されていない暗黙のルールがあるケースもあり，この場合には他の方法で実態を理解することが必要となる．

図 3.13 業務関連文書の種類

## 2. ユーザ要求の表現

ユーザ要求の表現とは，ユーザから獲得された情報・知識を整理・分析して，要求仕様書を記述することである．要求仕様書は，通常，システム構成／外部インタフェース，システムの持つべき機能（機能的要求），システムに要求される性能など（非機能的要求）からなる．

このうち機能的要求は，仕様の理解のしやすさおよび検証のしやすさから，形式的な**要求モデル**\*を用いて記述されることが多い．

機能的要求を体系化・形式化し，形式的な要求モデルに作り上げるための記述法として，機能階層モデル，データフローモデル，ER モデル，有限状態機械モデルなどがある\*．以下に，これらの記述法について説明する．

\*要求モデル
開発するソフトウェアが持つべき機能をある形式に基づいて記述したもの．
\*7.2 節で示すように，オブジェクト指向分析を用いる場合には，ユースケース図・記述などの UML 記法が用いられる．

### （a）機能階層モデル

機能階層モデルは，機能を階層的に詳細化し，ある単位機能まで展開された階層集合によって表現したもので，機能全体を組織的，体系的に表現するのに適している．例えば，物流管理業務を機能階層に展開したものを図 3.14 に示す．

図 3.14　機能階層モデル

### （b）データフローダイアグラム

DFD：Data Flow Diagram

データフローダイアグラム（**DFD**）は，構造化分析において用いられる有向グラフである．ノードは機能を表し，2 つのノードを結ぶ有向枝がデータを表す．このノードと有向枝によって意味づけされた図で表現した概念がデータフローである．

DFD は業務処理におけるデータの流れを表すフローであり，表 3.4 に示すように，機能を円（バブル）で表し，データフローを矢印で示す．データの始め（ソース）と終わり（シンク）を長方形で

表3.4 データフローダイアグラム（DFD）記号の種類

| 記号 | 意味 |
|---|---|
| 名　称 | データの始め（ソース）と終わり（シンク） |
| ──────→ | データのフロー |
| 名　称 | データの蓄積（ファイル） |
| （名　称） | 機能（バブル） |

表し，データの蓄積（ファイル）は2本線で表す．

　また，DFDでは最初から詳細な記述をしていくのではなく，まず大まかな記述を行い，これを段階的に詳細に展開していき，最終的なDFDを作り上げる．ここで，最上位のDFDは外部システムとの入出力のみを記述するもので，**コンテキストダイアグラム**または**レベル0ダイアグラム**と呼ぶ．レベル0を詳細展開したものをレベル1，レベル1を展開したものをレベル2と呼び，詳細展開に従って順次レベル番号をつけていくことになる．

　DFDの例として，図3.9のシナリオ例で記述されている学会シンポジウムの受付業務を展開したものを図3.15に示す．まず最初のレベル0として，受付の業務をバブルで示し，データの始めと終わりの参加者とつなぐ．次のレベルでは，受付の業務のバブルが登録済受付，新規登録受付，受付完了の3つの処理に分けられ，事前登録者台帳ファイルと当日登録者台帳ファイルの2つのファイルとのやり取りが行われている．さらに次のレベルでは，新規登録受付の業務が参加費徴収と新規登録の2つの業務に分かれている．このようにして，詳細に展開したDFDが完成する．

### (c) ERモデル

　ERモデルは，要求という概念を，形を持った個体の集合である**実体**と実体間に存在する**関係**によって表すものである．実体は**属性**を持っている．ERモデルの発展としてオブジェクト指向モデルがあるが，これについては，第7章で解説する．

　ERモデルの記述例として，図3.9のシナリオ例で表されている

実体：entity
関係：relationship
属性：attribute

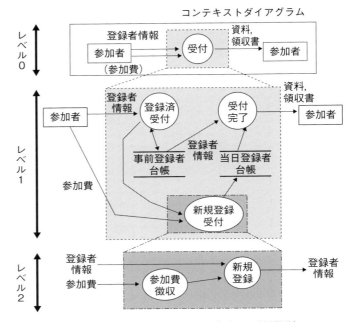

図 3.15 DFD の例(学会シンポジウム受付業務)

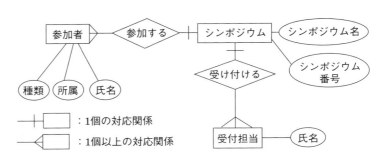

図 3.16 ER 図の例(シンポジウム受付業務)

学会シンポジウムの受付業務を **ER 図**に展開したものを図 3.16 に示す.図において,実体は長方形,関係はひし形,属性は楕円で表す.また,対応関係の個数については,図に示す記法を用いる.

図において,複数の参加者(実体)が 1 つのシンポジウム(実体)に参加し(関係),参加者は氏名,所属,種類の属性を持っている

ことを表している．また，1つのシンポジウムは複数の受付担当（実体）により受け付ける（関係）ことを表している．

**(d) 有限状態機械モデル**

有限状態機械モデルは，目的とするソフトウェアを有限状態機械に見立てて，外界からの入力列，ソフトウェアの内部状態，ソフトウェアからの出力列，およびそれらの時系列上における関係を定義するもので，**状態遷移図**または**状態遷移表**で表現する．

有限状態機械モデルの例として，図 3.17 にプリンタ動作の状態遷移図を示す．状態遷移図では，状態をノード（円）で，状態遷移を有向枝（矢印）でそれぞれ表す．この例では，電源 ON の入力によって，開始から待機の状態に遷移する．この状態からデータ転送の入力があると，プリント中の状態へ遷移する．さらに，用紙切れの状態やインク切れの状態へ遷移したりしながら，最後は電源 OFF で終了する．

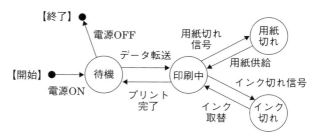

図 3.17 状態遷移図の例（プリンタの動作）

## 3. ユーザ要求の妥当性確認*

誤っている問題を解決するために，貴重な時間やリソースを費やすことは非生産的である．したがって，初期の段階で分析の対象となった要求が真のユーザ要求であることを確認し，得られた要求モデルがユーザの問題をコンピュータにより解決するための忠実な表現であることを検証することが重要である．

**(a) 要求モデル検証の基準**

要求モデル検証の基準項目として，図 3.18 に示すように，正当性，完全性，一貫性，非あいまい性，最小性，検証可能性，実現可

*ユーザ要求の妥当性確認とは，要求モデルがユーザの意図や要求に対して一致するかどうかを確認するプロセスである．

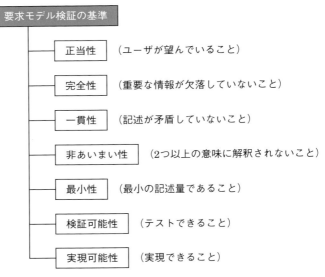

図3.18 要求モデル検証の基準項目

能性の7つがある．

① **正当性** 要求仕様が正当であるとは，要求仕様に述べられているすべての要求は，開発されるソフトウェアが満たすべきものであることを意味している．要求仕様の正当性をツールや手続きによって検証することは難しく，顧客や利用者自身によって確認してもらうことになる．

② **完全性** ユーザ要求に合致するために必要不可欠な情報が欠落していない場合に，要求モデルは完全であるという．要求モデルにおける完全性のチェックは，形式的な手段が存在しないため難しい作業である．これらをチェックするための一般的な方法は，状態モデルにおける状態とイベントで作成するすべての空間を調べる方法や，要求仕様書における記述項目を網羅的にチェックする方法などである．

③ **一貫性** 要求モデルにおいては，矛盾した結論が導かれないことが必要である．要求モデルが論理学などの形式的な方法で記述されていれば，推論ルールなどを用いて要求モデルの一貫性のチェックが実現しやすくなる．また，要求モデルで記述

されたことが，問題領域の事実と一致することが必要である．もし，問題領域に関する事実が変化しやすく不安定な場合，要求モデルに矛盾が起きることが多くなるため，記述されている事実を最新に保ち続け，一貫性に注意する必要がある．

④ **非あいまい性** 非あいまい性とは，要求を2つ以上の意味に解釈することができないことを意味している．要求モデル，特に自然言語を用いた場合は，あいまい性が入り込みやすいため注意が必要である．あいまい性を軽減する方法として，1つの要求に対して，システムがその要求を満たしているかどうかをテストするためのテストケースを記述することができるかどうかをチェックする方法がある．

⑤ **最小性** 最小性とは，対象とする要求を記述する際に，要求仕様書に記載される内容が最小の記載量となっていることである．記述が最小でない場合には，要求を記述する際に設計で解決されるべきことにまで言及していることが多い．しかし，最小性の追求のために設計の自由度を不必要に奪うことは望ましくない．

⑥ **検証可能性** 要求仕様の中のすべての要求が検証可能であるとき，要求仕様は検証可能であるという．「うまく機能する」，「良いヒューマンインタフェースを備える」といった表現がされたような要求は検証不能である．なぜなら「うまい」や「良い」といった表現は定性的で定義できないからである．定量的，具体的な表現を取る必要がある．

⑦ **実現可能性** 要求仕様が技術面，コスト面から見て実現できることである．技術面では，要求仕様を実現するための方法やアルゴリズムが明らかになっているかどうかや，目標とする時間内で対象とする要求仕様の処理を終えることができるかどうかがある．また，要求仕様を実現するために，ソフトウェア開発量や計算やメモリのリソースが大きくなり，計画コストを超えることがないかどうかがある．

(b) **要求モデル確認の方法**

要求モデル確認の最も基本的な方法として，要求仕様書のレビューがある．さらに，効果的な方法としてプロトタイピング*がある．

---

\*プロトタイピングとは，システムの実用モデルを構築し評価することにより，要求されるシステムやその解決方策を見つけ出し確認しようとするプロセスである．3.3節1項参照．

## 演習問題

問1　要求分析が難しい作業である理由を説明せよ．

問2　要求分析におけるユーザの役割について説明せよ．

問3　要求分析におけるプロトタイピングの有効性について説明せよ．

問4　要求モデル検証の基準における「正当性」と「非あいまい性」は，ユーザ要求の獲得におけるインタビューによる分析とプロトタイピングにそれぞれ深く関連している．この関連性について述べよ．

# 第4章 ソフトウェア設計

　この章では，ソフトウェア開発で中心的な位置づけを持つ設計に対する基本的な考え方を学ぶ．

　まず，設計の基本事項について概説し，良い設計に対する3つの戦略：抽象化とモデルの利用，分割と階層化，モジュール独立性について説明する．さらに，これらの戦略を行うための効果的なモジュール分割法とその評価について詳しく学ぶ．

## 4.1 ソフトウェア設計における基本事項

### 1. 設計とは

　システム開発では，要求分析が終了しても，すぐにプログラミングを始めることはほとんどない．要求分析とプログラミングの間には，**設計**と呼ばれる段階がある．図4.1に示すように，設計とは，要求仕様からプログラム仕様を作り出す変換過程である．その過程で記述される仕様は，顧客の視点から実装の視点への質的な転換が行われる段階である．この際，顧客要求の満足，開発コストの低減，内部構造的な品質確保の3つの要求をバランスさせることに注力される．

　設計のアウトプットは，プログラム仕様書である．システム開発

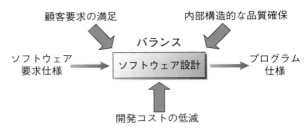

図4.1　ソフトウェア設計とその位置づけ

では，テスト段階での後戻りは大きなコスト損失を意味する．中間生成物としての仕様書の作成は，プログラミングに入る以前でソフトウェアの品質をチェックする機会を与える．

　仕様書作成には，開発メンバ間の情報共有というもう1つの大きな目的がある．大規模なシステム開発では，開発体制も大規模になり，場合によっては場所の離れたソフトウェアハウスと共同で開発を進めることもある．このため，開発チーム・メンバ間で分担したプログラム部位の間のインタフェースも多くなり，必然的に仕様上の情報交換の機会も増える．実際，大規模システム開発ではインタフェースに関連した誤りが非常に多く，設計書の存在は，こうしたインタフェース上の誤りを少なくすることに貢献している．

## 2. 設計の2つの段階

　ソフトウェア設計は，外部設計と内部設計の2つの段階に大きく分けられる．以下，それぞれについて説明する．

### (a) 外部設計

*ここで，システムに関する知識とは，現在設計すべきシステムと関連・類似するシステムの設計内容や設計手順に関する知識を指す．

　外部設計は，システムに関する設計知識*を用いて，ソフトウェア要求仕様書からソフトウェアの方式的記述を作成する．外部設計では，ソフトウェアシステムとしての外部インタフェースを再定義し，システムを構成するコンポーネントへと分解して，要求仕様書の定める機能仕様を満たすようにコンポーネント間のデータと制御の流れを決定する．ソフトウェアの方式的記述は，コンポーネントとその間のインタフェースを記述したものである．図4.2に外部設計の位置づけを示す．

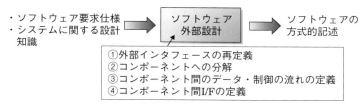

図 4.2　外部設計

**(b) 内部設計**

　内部設計は，外部設計で定められたシステムの方式記述を詳細化して，プログラム仕様を作成する段階である．各コンポーネントをプログラムモジュールレベルの記述まで詳細化するが，この際，実装に使用するプログラミング言語・環境の特徴を考慮し，プログラム配置を決定する．さらに，モジュールの仕様と，アルゴリズムとデータ構造も決定する．図 4.3 に内部設計の位置づけを示す．

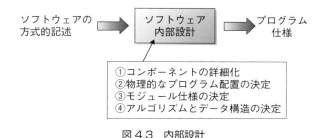

図 4.3　内部設計

## 4.2　ソフトウェア設計へのアプローチ

### 1. 良い設計とは

　良い設計とは，簡単にいえば「要求品質を満たすソフトウェア構造を作る」ことである．ソフトウェアに求められる品質には，機能適合性，信頼性，使用性，性能効率性，移植性，互換性，セキュリティ，保守性など多岐にわたる*．製品ごとに求められる品質のレベルが異なり，また，かけることのできるコストと期間も異なるため，それらをバランスさせながら，最善の解を見つけていくことが

*第9章参照．

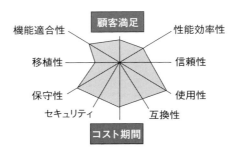

図 4.4　設計における品質とコストと期間のバランス

必要となる．これらを鑑み，与えられた制約の下で，バランスのとれた最善解を見つけることが良い設計へとつながる（図 4.4）．

## 2. 3つの戦略

設計では，まず，システムが持つ複雑さをいかに克服するかが重要となる．複雑なシステムであるほど，設計時に品質とコストに関わる問題の所在や原因がつかみづらく，後工程で大きな問題や欠陥となって再設計・再作業の原因となるケースが多いためである．以下に，設計において複雑さを克服するために用いられる3つの基本戦略を示す．

### (a) 抽象化とモデルの利用

複雑さを克服する第一の戦略は，抽象化である．**抽象化**とは，検討すべきシステムの性質のみを浮かび上がらせるために，適切なモデルを使用してその性質を正確に捉えると同時に，関係のない事項をそぎ落としていく作業をいう．

設計は，種々の検討視点を持つため，用途別に複数のモデルを使う．例えば，振る舞いの記述には状態遷移図やペトリネットを，機能の入出力の記述を詳細にするために HIPO*など，対象別に異なるモデルが用いられる．

同種のモデルでもそれぞれ注目する視点が異なり，問題の複雑さの種類によって異なるモデルを用いたほうがよい．例えば，同じ振る舞いを表すモデルでも，状態遷移図は動作モードの明示的な定義や画面遷移の記述に向き，ペトリネットは並行動作を含む制御の記述に向くなどの性質の違いがある．

＊HIPO
システム機能を階層的に表す技法．各モジュールを階層構造で表したH部分と，個々のモジュールの入力，処理，出力を表したIPO部分からなる．

(b) 分割と階層化

複雑さを克服するもう1つの戦略が，**分割**である．

図4.5に示すように，システムはそれを構成する要素数$N$に対して2乗のオーダで複雑さが増大する．そのため，システムを複数の独立部分に分け，それぞれの部分を別々に設計していくことで，複雑さの増大を抑える．この手法を分割という．

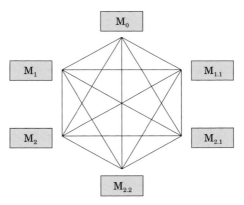

図4.5　システムの要素数と依存関係数

分割を個々の部分に再帰的に適用していくことで，システムの構成要素は階層的に組織化される．これを**階層化**という．図4.6は，図4.5と同じ個数のシステム要素を階層的にした場合の例である．同じ$N$個の要素でも，横並びでは要素間のインタフェースは組合せ的に（$N$の2乗のオーダで）増えていくが，階層構造の場合には$N \log N$のオーダとなり，複雑さの増大は抑制できる．構造化設計は，システムの機能要素の階層化に主眼をおいた設計技法である．

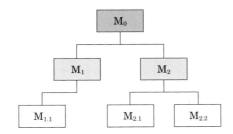

図4.6　モジュールの階層化によるインタフェースの減少

> 第7章で詳細に説明するオブジェクト指向は，オブジェクトの概念を中心に，3つの戦略をさらに発展させたものと考えることもできる．

**(c) 独立性**

分割された要素同士は，完全に独立になることはない．そのため，分割と階層化を効果的に機能させるためには，なるべく要素間の**独立性**を高めることが特に重要となる．要素間の独立性が高いということは，要素内は密な結合であるが，他の要素とのインタフェースは疎かつ単純である状態を指す．この状態を達成することにより，設計変更時の影響範囲が狭まり，結合時のエラーが起こる可能性も少なくなる．

## ■4.3 モジュール分割

> *プログラム設計においては，モジュール化ともいう．

モジュール分割*は，4.2節で説明した設計戦略をプログラム設計に関して具体化したものである．**モジュール**は，基本的には分離可能な最小プログラム単位であり，プログラミング言語によってモジュールの単位と呼び方は異なっている．例えば，アセンブラでは**サブルーチン**，Cでは**関数**，Javaでは**クラス**や**メソッド**などが対応する．

モジュール分割は，設計における複雑さを軽減するだけでなく，検証段階における部分的なテスト・デバッグが可能となるため，段階的かつ効率的に品質管理を行うことが可能となる．さらに，モジュールを最小単位として，開発チームに作業を分配することができ，それらの作業を並行して実施することができるようになる．

モジュール分割には，大きく分けて，データの流れに着目して分割する複合設計法と，データの構造に着目して分割するデータ構造分割法，共通の機能を抜き出す共通機能分割法の3つの技法がある．以下に，この3つのモジュール分割法を説明する．

### ▌1．複合設計法

複合設計法は，主にモジュール分解をデータの変換過程に着目して，モジュール分解をする手法である．複合設計の分割法として，STS分割とTR分割が提供されている．

> STS：Source Transform Sink
> TR：TRansaction

## 4.3 モジュール分割

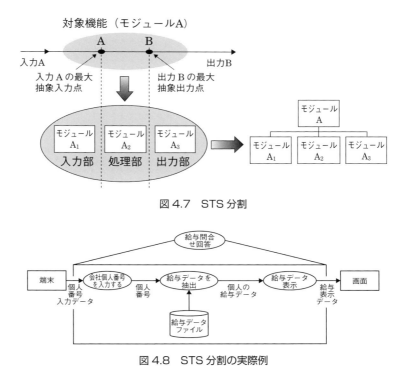

図 4.7 STS 分割

図 4.8 STS 分割の実際例

入力：Source
処理：Transform
出力：Sink

(a) **STS 分割技法**

機能をデータの変換過程と捉え，1 つの機能を**入力**，**処理**，**出力**の 3 つの機能に分解する方法である．図 4.7 に STS 分割の流れを，図 4.8 に STS 分割の実際例を示す．

まず，対象とする機能に対する入力と出力を明確にする．次に，主なデータの流れに着目し，入力データの抽象化が最大になる点（**最大抽象入力点**）と出力データとしての抽象化が最大になる点（**最大抽象出力点**）決める．入力から最大抽象入力点までを入力部，最大抽象入力点から最大抽象出力点までを処理部，最大抽象出力点から出力までを出力部として，3 つのモジュール構造が得られる．

(b) **TR 分割**

TR 分割は，入力データに応じて処理が変わる場合に用いるモジュール分割方法である．例えば図 4.9 で，入力データ A の値によっ

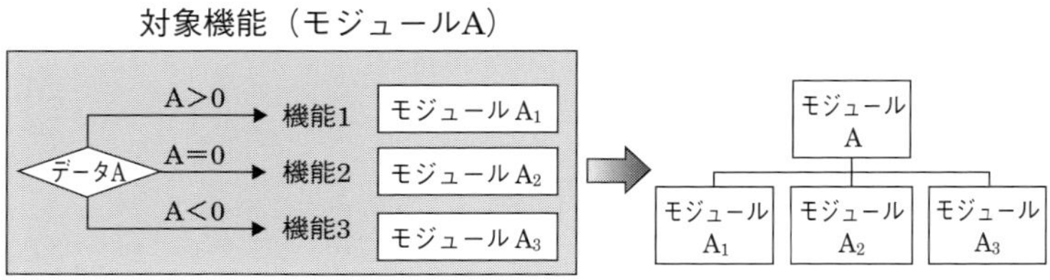

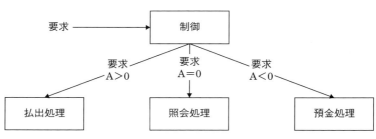

図 4.9　TR 分割

図 4.10　TR 分割の実際例

て，処理内容が 3 つに変わる場合がそれに相当する．各処理内容を分割されたモジュールとして，データによって処理を分けるモジュールを親モジュールとする．STS 分割技法と組み合わせて用い，主に STS 分割技法でうまく分割できなかった場合に適用する．

例として銀行での預金の照会や払い出しについて，TR 分割技法を用いて図 4.10 に示す．

## 2．データ構造分割法

データ構造分割法は，入力データ構造と出力データ構造に着目して処理の手順を検討する方法である．このデータ構造分割の中で，入出力データの構造からプログラム構造を決める手法が **ジャクソン法**（JSP）である．

> JSP：Jackson Structured Programming

> データ構造分割法には，ジャクソン法の他にワーニエ法があるが，これは入力データ構造のみからプログラム構造を決める技法である．

図 4.11 にジャクソン法によるモジュール分割の例を示す．入力データおよび出力データを，**基本**，**繰返し**，**選択**，**連接** の 4 つの構成要素を用いて表す．次に，入出力データの対応関係をとり，入出力データをマージしてプログラム木を作る．完成したプログラム木がプログラムのモジュール構造となる．

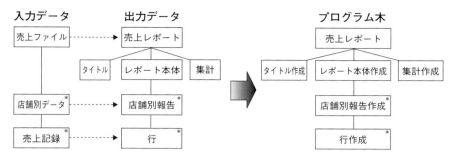

図4.11　ジャクソン法によるモジュール分割（*は繰り返しを表す）

### 3. 共通機能分割法

共通機能分割法とは，図4.12に示すように，システム機能の中で同じ，あるいは類似の機能を果たすものや，同じファイル・構造体などへアクセスを行うものから，共通の機能を括り出してモジュールの切出しを行うモジュール分割法である．複数の機能で必要とするコードを共通化することにより，システムにおけるコード量を減らすことができ，コスト削減につながる*．

*ただし，単にコード共通化のためのモジュール化を行うとかえって保守性を損なうことになるため，注意を要する．

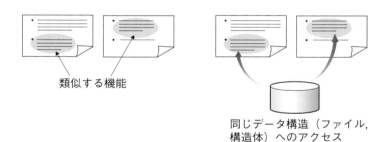

図4.12　共通機能分割

# 4.4　モジュール分割の評価

モジュール分割の良否は，設計の良否に直接影響するため非常に重要である．モジュール分割の良否は，以下の項目と関係が深い．

① **モジュールの大きさ**　　モジュールは，人間の認知範囲を反

映させることができる程度の大きさにするとよい．具体的には，プログラムコードとして100行以内，ディスプレイで2画面程度で見ることができる程度が妥当といわれる．

② **情報隠蔽の度合**　情報隠蔽とは，モジュールの使用とは関係のないモジュール内部の設計事項を隠すことである．これによって，モジュールの使用者はそのモジュールに関する不必要な情報を理解する必要がなくなると同時に，このモジュールの修正に関して，他のモジュールへの影響度が小さくなるため，保守性を上げることできる．

③ **モジュール間結合度**　2つのモジュール間の結合の強さをモジュール間結合度という．モジュール間の結合度が低いほど良い設計といわれる．

④ **モジュール強度**　1つのモジュール内の命令群がどれほど深く関わりあっているかの強さをモジュール強度という．モジュール強度が高いほど良い設計といわれる．

この中で，特に重要なモジュール間結合度とモジュール強度について，以下で説明する．

## 1. モジュール間結合度

モジュール間結合度は，2つのモジュールの間の結合が密である程度を示す．ここでは，モジュール間結合度の定義の説明を行う．図4.13にモジュール間結合度の定義と結合度間の順序関係を示す．

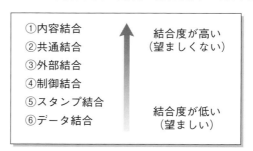

図4.13　モジュール結合度の定義と順序関係

**(a) 内容結合**

あるモジュールが，他のモジュール内の構成要素を直接参照した

り，変更する結合をいう．例えば，GOTO 文など直接ある機能へ制御を移動する方法がこれにあたるが，一般的に推奨されていない．図 4.14 にモジュール間の内容結合の関係を示す．

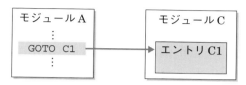

図 4.14　内容結合

### (b) 共通結合

複数のモジュール間で，あるデータ領域（共通／外部変数）を参照している結合をいう．1 つのモジュールがデータ領域を変更すると，他のモジュールに影響を与える．Fortran の common 変数などがこれにあたる．図 4.15 にモジュール間の共通結合の関係を示す．

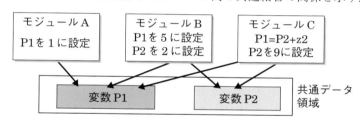

図 4.15　共通結合

### (c) 外部結合

あるモジュール内で外部参照可能であると宣言されたデータ領域を，他のモジュールが直接参照する結合をいう．図 4.16 にモジュール間の外部結合の関係を示す．

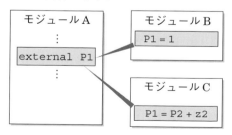

図 4.16　外部結合

## 第4章 ソフトウェア設計

### (d) 制御結合

あるモジュールが他のモジュールを呼び出すとき，制御のためのフラグやパラメータを渡す．呼び出すモジュールは，呼び出されるモジュール内の制御を理解している．図4.17にモジュール間の制御結合の関係を示す．

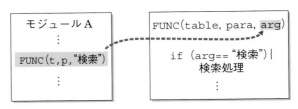

図4.17 制御結合

### (e) スタンプ結合

共有データ領域にはない同じ構造のデータ（構造体）を受け渡す結合をいう．構造内のデータ順序とデータ型をモジュール間で知っている必要がある．この場合，一方の構造体の仕様を変更すると，他方も修正が必要になる．また，構造体には呼び出される側のモジュールで使わない変数も含まれている．図4.18にモジュール間のスタンプ結合の関係を示す．

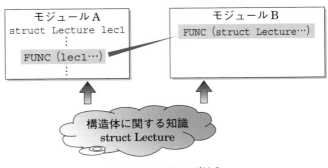

図4.18 スタンプ結合

### (f) データ結合

データの必要な部分だけを，呼出しモジュールへの引数として渡す結合をいう．呼び出されるモジュールと呼び出すモジュールのデータ構造に関する特別な知識は必要ない．図4.19にモジュール間

のデータ結合の関係を示す．

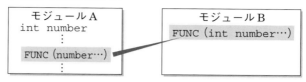

データ構造に関する知識は不要
必要なデータのみ受渡し

図 4.19　データ結合

## 2．モジュール強度

1つのモジュール内の機能間の関連性をモジュール強度という．図 4.20 にモジュール強度の定義と順序関係を示す．モジュール強度が弱いときは，さらなるモジュール分割を吟味する必要がある．

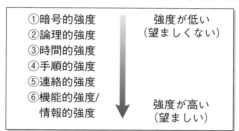

図 4.20　モジュール強度

**（a）暗号的強度**

モジュール内で複数の機能をもち互いに関連がない場合をいう．したがって，互いに全く関係なく複数の機能を実行している．独立な機能をただ無秩序に寄せ集めてモジュールを構成した状態である．図 4.21 に暗号的強度の例を示す．

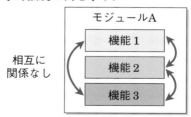

図 4.21　暗号的強度

**(b) 論理的強度**

関連する複数の機能を持つモジュールで，制御変数により機能を選択する．選択される機能間の関係は希薄である．また，機能を変更するとインタフェースも変わる可能性があり，この場合，モジュールを呼び出す側にも変更が波及する．図 4.22 に論理的強度の例を示す．

図 4.22　論理的強度

**(c) 時間的強度**

機能要素間の関連は薄いが，一群の機能要素がある時間的順序関係に沿って起動される．例えば，初期化のためのモジュールなどがある．図 4.23 に時間的強度の例を示す．

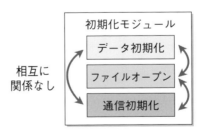

図 4.23　時間的強度

**(d) 手順的強度**

モジュールを構成する各機能の起動には順序関係があり，それに従いまとめられている．図 4.24 に手順的強度の例を示す．

図 4.24　手順的強度

### (e) 連絡的強度

各機能の起動に順序があり，かつ各機能が共通のデータを参照または変更する．図 4.25 に連絡的強度の例を示す．

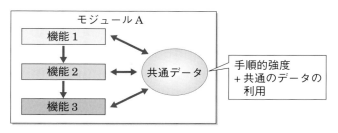

図 4.25　連絡的強度

### (f) 機能的強度

単一機能として考えることができる機能群からなるモジュールで，1 つのモジュールで機能を 1 つ実現している場合である．

### (g) 情報的強度

同じ内部データを扱う機能を集め，かつ 1 つのモジュールの機能は単一の場合である．オブジェクト指向のカプセル化の概念に近い．図 4.26 に情報的強度の例を示す．

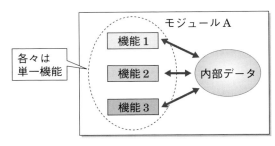

図 4.26　情報的強度

## 演習問題

問1　ソフトウェア設計における重要ポイントと注意点を記述せよ．
問2　ソフトウェア設計はなぜ仕様変更がされやすいか，その理由と解決策を述べよ．
問3　モジュール化する効果と利点について述べよ．
問4　モジュール結合度は低いほうが望ましいとされるが，低い場合と高い場合のモジュール間の依存性について述べ，モジュール結合度が低い具体的な例を述べよ．

# 第5章

# プログラミング

　この章では，プログラム作成における作法，制御構造，モジュール構造など，ソフトウェア開発におけるプログラミング技法に関する基本的な事項について述べる．

　なお，説明のためのプログラムは，C言語を用いて記述している．

## ■5.1　ソフトウェアの役割

### ■1．プログラミング言語の歴史

　プログラミング言語はなぜ種々あるのであろうか．

　コンピュータが開発された当初は，プログラミングには**機械語**\*が用いられていたが，機械語は機械向きの言語であり，人間には理解しづらいため，各命令文を人間に理解しやすく記号化した**アセンブラ言語**が開発された．

　しかし，アセンブラ言語の文法や構造は機械語とほとんど変わらず，特に加減乗除の演算が簡単に表現できないため，これを簡単に表現でき，プログラミングが容易なFORTRAN言語が開発された．さらに，事務処理用の言語であるCOBOLが開発され，その後図5.1に示すように種々の言語が開発されていった．

\*マシン語ともいう．０と１の組合せで表現された，コンピュータが唯一直接解読・実行できる言語．

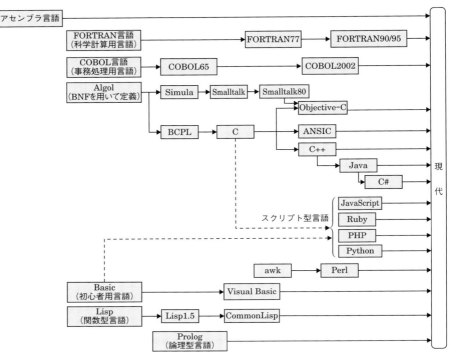

図5.1 言語の発達の歴史

## 2. プログラミング言語の分類

コンピュータは機械語以外は理解できないため，その他の言語で記述されたプログラムは，機械語に翻訳する必要がある．プログラミング言語は，その翻訳形式の違いにより，**インタプリタ型言語**[*1]（Basic，Lisp，Perl）と**コンパイラ型言語**[*2]（C，C++，FORTRAN，COBOL，など）に分けられる．

また，その構造により大別すると，問題を解決するための処理手順を記述する**手続き型言語**（C，Basic，など多くの言語）と，問題そのものを直接記述する**非手続き型言語**に分けられる．

非手続き型言語には，関数の定義によりプログラムを記述する**関数型言語**（Lispなど）と，論理式により構成する論理型言語（Prologなど）と，オブジェクト[*3]と呼ばれるモジュール単位で構

*1 高レベル言語で記述されたプログラムを1行ずつ解釈し，順次実行する形式．

*2 高レベル言語で記述されたプログラム全体を一括して機械語に翻訳する形式．

*3 値とその値の読み書きの手順を合わせ持つデータ構造．

成する**オブジェクト指向言語**がある．オブジェクト指向言語の代表例には Java があり，また既存の言語にオブジェクト指向の考え方を取り入れたものが C++ や Objective-C である．

最近は Web アプリ用の言語が種々開発され，awk，Perl，PHP，JavaScript などの言語が使われるようになっている．

## ■5.2　プログラム書法と作法

良いプログラミングを行ううえでの基本的な規則やスタイルを，**プログラム書法**や**プログラム作法**と呼ぶ．プログラム書法とプログラム作法を必要とする理由は，読みやすいプログラムを書くことであり，その利点は大きく2つある．

第一に，プログラムを記述した本人のためである．プログラム作成におけるプログラム作成基準を決めておくと，記述したプログラムを自分が後でレビューするときに読みやすく，わかりやすい．また，論理的な誤りを見つけやすく，エラーの少ないプログラムを書くことができ，変更に対しても修正がしやすい．

第二に，システムの共同開発者とのコミュニケーションを容易にし，開発後の保守やメンテナンスをしやすくするためである．開発者と保守者は同一人物ではない場合が多く，保守者にとって読みやすいプログラムは，作業効率を向上させる．

### ■1．プログラム書法の原則

読みやすいプログラムを書くためのプログラミング書法の基本について以下に述べる．

① シンプルにわかりやすく記述する
② 構造化プログラミングを用いる
③ 特定のハードウェアやコンパイラ，ライブラリに依存しないプログラミングをする
④ わかりやすいコメントを記述する
・モジュールの頭のコメントとして，モジュールの機能，処理内容，引数や戻り値に関するインタフェースなどを要領良

く記述する．
- 複雑な処理の説明を，計算式などを補って理解しやすく記述する．

ここで②の構造化プログラミングとは，次に示す3種類の基本的な制御構造:順次,選択,繰返しを使ってプログラミングすることである．

**(a) 順次構造**

順次構造は，親処理を順に実行する子処理に展開する構造である．図5.2のように処理1は，処理1.1〜処理1.nを順に実行するものとして実装される．

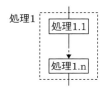

図5.2　順次構造

**(b) 選択構造**

選択構造は，親処理を判断によって子処理を分ける構造である．図5.3はYes/Noの判断の基に処理を2つに分ける2分岐構造である．処理1は，ある条件が満たされれば処理1.1を行い，そうでなければ処理1.2を行うものとして実装される．

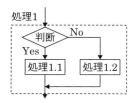

図5.3　選択構造（2分岐の場合）

**(c) 繰返し構造**

繰返し構造は，親処理を子処理の繰返しに展開する構造である．図5.4のように，判断を満たす間（あるいは満たすときまで）処理を繰り返す．処理1は，判断がYesである間，処理1.1を行う．判断がNoとなったら繰返しをやめ次の処理に進む．

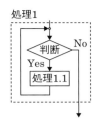

**図 5.4 繰返し構造（前判定の場合）**

　構造化プログラミングにより，プログラムは，順次・選択・繰返しの 3 種類の制御構造の組合せで構成される．この際，コードレビューを数学的な証明過程のように使い，親処理（定理）とこれらの制御構造で展開された子処理（補題）群が等価であることを確かめていけば，処理の展開ミスが少ない堅牢なプログラムを作成することができる．

## ▌2. プログラムの表現

　プログラムを記述する場合の一般的注意事項を以下に述べる．これはプログラムが読む人にとってわかりやすいこと，および間違いや誤解を生じないということが基本としている．

### (a) 変数の名前
#### ① 混同しない名前を用いる

　シンボルには，意味を簡潔に表し，誤解を生じないような名前を使う．誤解しやすい名前を使うと，値の判定時などで反対のロジックを組んだりして間違いを誘発する．

　　　× 　Boolean errFlag；
　　　　　if (errFlag == true)　　…エラーがないと誤解される場
　　　　　　　　　　　　　　　　　　合がある

#### ② 意味のある変数名を用いる

　変数名に意味もなく "a" や "b" を使う場合があるが，プログラムを読むとき，一目で変数の意味がわかるようになっていないと，内容が理解しにくい．特に，長いプログラムの場合は集中力の途切れる原因ともなる．したがって，次の点に留意して変数名をつける．

　・手続き的な処理は動詞を使い，変数名は名詞で記述する．

- 似た名前は避け，利用目的に合った名前をつける．
- 混同する名前（他の定義名や予約語）は避ける．また，定義や機能にあった名前をつける．
    - × char c, cc, * ccc ;
- Sと5，O（オー）と0（ゼロ），l（エル）と1（イチ）など，外見の似た字を混用するのは避ける．
- 長い名前で最後の1文字だけ変えるのは避ける
    - × POSITIONX と POSITIONY
- 変数名の省略は最初の一文字を必ず残し，発音しやすい省略とする*．

*Fortranなど，変数名の長さに制限がある場合．

【例】POSITIONX → XPOS，POSITIONY → YPOS
―省略は，末尾から母音を順次省略する方法もある．
―省略の方法はプログラム内で一貫性を持たせることが重要である．
- 変数名に大文字，小文字を併用する場合の規則を定める．
    ―大域変数は大文字で始める．
    ―関数内で定義される変数は小文字で始める．
    ―マクロ定義された関数，定数はすべて大文字で書く．
    ―複数の単語をつないで一つの変数名，関数名を表す場合は，各単語の最初の1文字を大文字で書く．

【例】FindData（）

リスト5.1に，変数設定の例を示す．

●リスト5.1　変数設定の例

```
void loan(price,downPayment,monthlyPayment,
        bounusMonth Payment)
    int price,              /* 価格 */
    downPayment,            /* 頭金 */
    monthlyPayment,         /* 月々の支払い */
    bounusMonthPayment;     /* ボーナス月の支払い */
{
    int years;
    years = (price-downPayment)/
     (12 *monthlyPayment + 2 * bounusMonthPayment);
    return years;
}
```

### (b) 定数および変数の設定

定数を設定するときは，以下の点に注意すると追加や削除が容易になり，プログラムミスを少なくする．また，変数は定数と異なり変化するので，プログラムで初期設定しておくと，プログラミングの途中で別の値に用いるなどのミスを防ぐことができる．

- 定数はマクロ（#define 文）を使って意味のある名前を設定する．
- 定数の定義位置はまとめておく（定義専用ファイルを設けるなど）．
- 変数は必ず初期設定する．

## ■5.3 プログラムの制御構造

プログラムの制御構造は，いわばプログラムの骨格に相当する．制御構造には，①**順次**，②**条件分岐**，③**繰返し**があり，すべてのプログラムはこの3つの制御構造を使って記述できるといわれている．

ただし，次のような制御構造は，極力避ける必要がある．

- 条件分岐，繰返しの内部ブロックへGOTOにより入る構造
- 複数の入口・出口を持つモジュール

以降では，条件分岐，繰返しの記述方法について，いくつかのサンプルを掲載しながら説明する*．

＊順次制御構造は，ただ単純に，上から順序よく進めていく構造なので，説明は省略する．

### ■1．条件分岐

プログラムの構造は，なるべく上から下へと単純に読み進めていけるものがよく，途中で他の部分へジャンプしたりすることはなるべく避けるべきである．条件分岐の悪い例を，リスト5.2に示す．

# 第5章 プログラミング

●リスト5.2　条件分岐の悪い例

```
……
if(setjmp(jmpenv)!= 0) {
    goto its_timeout;
}
signal(SIGARM, settimeout);
alamsem = ALARM_OK;
while(TRUE) {
    if(read(0, &buf, (unsigned(1))== -1))
        break;
    }
    alrmsem = ALARM_SLEP;
    docmd(buf);
    dosuspend();
    home();
    fflush(stdout);
}
its_timeout:

}
```

gotoはプログラムを読みにくくする

リスト 5.3 は，リスト 5.2 の goto 文を条件分岐に修正したものである．

●リスト5.3　条件分岐の修正の例

```
……
if(setjmp(jmpenv)== 0) {
    signal(SIGARM, settimeout);
    alamsem = ALARM_OK;
    while(TRUE) {
            if(read(0, &buf,(unsigned(1))== -1))
                break;
    }
    alrmsem = ALARM_SLEP;
    docmd(buf);
    dosuspend();
    home();
    fflush(stdout);
}
```

リスト 5.4 は，1 つの条件分岐を 2 つの if 文で表現している．このように記述すると，条件を重ねてしまうことがあり，エラーの原

因となる.

●リスト 5.4　if 文の悪い例

```
if(WorkedTime <= 40)
    regulerPay(manNumber, WorkedTime);
if(WorkedTime > 40)
    overTimePay(manNumber, WorkedTime);
```

リスト 5.5 は，2 つの if 文を if-else 文で書き換え，条件が重ならないように修正している．このようにすると，エラーの原因も減少できる．

●リスト 5.5　if 文の修正例

```
if(WorkedTime<= 40)
    regulerPay(manNumber, WorkedTime);
else
    overTimePay(manNumber, WorkedTime);
```

リスト 5.6 は，if-else 文を利用して論理否定を行っているが，x と y の値の比較は必要ない．これにより，読み手にとって複雑な記述となってしまっている．

●リスト 5.6　if-else 文の悪い例

```
if(!(x < y)) {              /* もしも y より x が小さくなくて… */
    if(!(y < z))            /* z より y が小さくない場合 */
      small = z;
    else
      small = y;
}
else {
    if(!(x < z))            /* z より x が小さくない場合 */
      small = z;
    else
      small = x;
}
```

リスト 5.7 に，リスト 5.6 よりむだな論理否定をなくし，small の値を求めるための比較だけをするように変更した例を示す．

●リスト5.7　if-else文の修正例

```
samll = x;
if(y < small) small = y;
if(z < small) small = z;
```

また，図5.5のように条件分岐が深いと，理解しづらくなる．なるべく浅い条件分岐にすると，理解しやすく誤りも少なくなる．

一般的に，人間の短期記憶の認知限界により，同一レベルは7つまでが適当と考えられている．そこで，図5.6のようにシンプルな浅い条件分岐を使うようにするとよい．

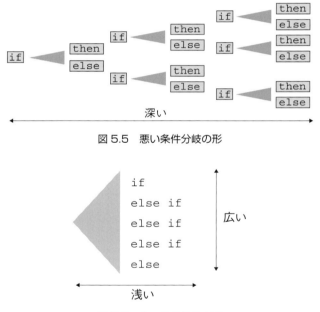

図5.5　悪い条件分岐の形

図5.6　良い条件分岐の形

また，条件判定を行った場合，できるだけ条件に対応する動作をつけて示すと理解しやすくなる．

以上のことに留意しながら，次の条件分岐の木構造に関する例題に取り組む．

## 【例題 1】

レストランの順番待ち管理ソフトを開発したい．来客があったら，スタッフはキーボードから以下の情報を入力する．

・人数
・喫煙者の有無

管理ソフトは，このデータを構造体 guest のデータとして保存する．そして，レストランのテーブルには以下の条件をつけるものとする．

・禁煙席か喫煙席か
・そのテーブルに座れる最大の人数

上記の 4 つの情報は，構造体 table のデータとして保存される．

このソフトを開発する途中で，客を表す構造体とテーブルを表す構造体へのポインタを引数とし，指定された客が指定されたテーブルに座ることができたら 1 を，座れなければ 0 を返す関数 "check" の実装を行うことになり，リスト 5.8 のように実装した．

この関数 check の実装の問題点を指摘し，書き改めなさい．なお，リスト 5.8 の例では，喫煙しない人でも，希望があれば喫煙席に座ることができるものとする．

図 5.7 に，このプログラムの流れ図を示す．

●リスト5.8　レストランの順番待ちプログラム

```c
#include < stdio.h >

typedef struct {
    int smoking;          /* 禁煙席ならば 0, 喫煙席は 1 */
    int max;              /* 座れる人数 */
} table;
typedef struct {
    int smoking;          /* 喫煙者がいれば 1, いなければ 0 */
    int num;              /* 人数 */
} guest;

int canGuestSit(table*, guest*);/* プロトタイプ宣言 */
int main(void)
{                         /* check の実行テスト */
    table t1, t2;
    guest g1, g2;
    t1.smoking = 0;    t1.max = 4;
    t2.smoking = 1;    t2.max = 2;
    g1.smoking = 1;    g1.num = 4;
    g2.smoking = 0;    g2.num = 2;

    if(canGuestSit(&t1, &g1)) {
        printf("客 g1 はテーブル t1 に座れます．\n");
    } else {
        printf("客 g1 はテーブル t1 に座れません．\n");
    }
    if(canGuestSit(&t2, &g2)) {
        printf("客 g2 はテーブル t2 に座れます．\n");
    } else {
        printf("客 g2 はテーブル t2 に座れません．\n");
    }
}

int canGuestSit(table *pTable, guest *pGuest)
{
  if(pGuest -> num <= pTable -> max) {
    if(pGuest -> smoking == 1) {
      if(pTable->smoking == 1)
            return 1;
    } else {
            return 1;
    }
  }
  return 0;
}
```

5.3 プログラムの制御構造

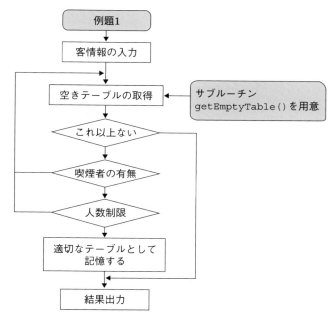

図 5.7 レストランの順番待ちプログラムの流れ図

【解答例】

例題のプログラムは，複数の条件分岐構造が入れ子になっており，非常に読みにくい．そこで，破線で囲んだ部分"canGuestSit"はリスト 5.9 のように実装するのが理想的である．

●リスト 5.9　canGuestSit 条件の修正プログラム

```
if(pGuest -> num > pTable -> max)
  return 0;
if(pGuest -> smoking == 1 && pTable -> smoking != 1)
  return 0;
return 1;
```

## 【ポイント】

修正前のプログラムは，図5.8に示す修正前フローチャートのように，「座席数が足りるか？」と「喫煙者がいれば，喫煙席を希望するかどうか？」という2つの条件判断から構成されている．

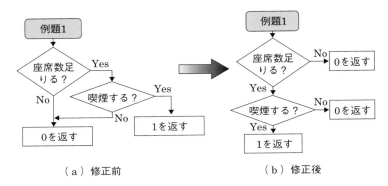

(a) 修正前　　　　　　　　(b) 修正後

図5.8　例題1のフローチャート

修正前フローチャートの条件分岐の流れは
・テーブルが客を受け入れられる条件

に着目し，これをすべて満たしていれば1を返すという形である．そのため，ある条件文の中に別の条件文を記述することになる．そこで，修正後フローチャートのように
・テーブルが客を受け入れられない条件

に着目する．つまり，①座席が足りない，②喫煙者がいて，かつ禁煙席しか空きテーブルがない，のどちらかが満たされていれば，その時点で0を返すという形にする．こうすることで条件文を入れ子にする必要性がなくなり，スマートな記述になる．

## 2. プログラムの繰返し構造

プログラムの中に繰返し構造を用いる場合は，以下の点に気をつける必要がある．

### (a) モジュールの論理構造の明確化

前述したように，プログラムは上から下へと順に読めるようにすることにより，理解しやすいプログラムとなる．

C言語のループ機能であるwhile, for, do whileを効果的に使う

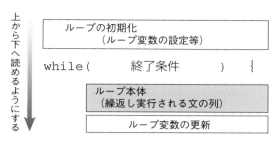

図 5.9 プログラムループ構造の形式例

ことにより，論理構造を明確に表現できる．図 5.9 にプログラムループ構造の形式例を示す．

次に，構造化のための制御構造を使用しないプログラミング例をリスト 5.10 に示す．

●リスト 5.10　制御構造を使用しないプログラム例

```
int score(int x[])
{
    int y = 0, kl = 0, frm = 1;
  loop:
    if(x[kl] == 10) {
        y = y + 10 + x[kl + 1] + x[kl + 2];
        kl = kl + 1;
        goto Next;
    }
    if(x[kl] + x[kl + 1] == 10) {
        y = y + 10 + x[kl + 2];
        kl = kl + 2;
        goto Next;
    }
    else {
        y = y + x[kl] + x[kl + 1];
        kl = kl + 2;
    }
  Next:
    if(frm == 10)
        return y;
    else {
        frm ++ ;
        goto loop;
    }
}
```

リスト5.10は，goto文が使用されており，プログラムが構造的に閉じていないため上から下へとプログラムを読み進めることができず，理解しにくいものとなっている．

このプログラムを，繰返しを効果的に利用して修正した例をリスト5.11に示す．このように，繰返しの終了条件を明確にすると，理解しやすくなる．

●リスト5.11　繰返しを効果的に使ったプログラム例

```
int score(int x[])
{
    int y=0, kl=0, frm;
    for(frm=1; frm<11; frm++) {
      if(x[kl]==10) {
            y=y+0+x[kl+1]+x[kl+2];
            kl=kl+1;
      }
      else if(x[kl]+x[kl+1]==10) {
            y=y+10+x[kl+2];
            kl=kl+2;
      }
      else {
            y=y+x[kl]+x[kl+1];
            kl=kl+2;
      }
    }
    return y;
}
```

(b) プログラム構造の設計

実現する機能が複雑なプログラムを作成するときは，疑似コードを利用して記述すると理解しやすく，また他の言語に容易に応用できる．

疑似コードを利用する場合は，まず本来使用するコンピュータ言語以外の言語でプログラム構造を書く．そして，正しいと思われるプログラムができたら対象の言語でプログラムを記述するのである．

ここで，疑似コードを利用して例題2の2次方程式の解を求めるプログラムを作成してみる．

【例題2】
　2次方程式 $ax^2+bx+c=0$ の解

$$x = \frac{-b \pm \sqrt{b^2 - 4ac}}{2a}$$

を求めるプログラムを作成しなさい．

**【解答例】**

① 最初に，プログラムの概形をリスト 5.12 のように疑似コードで記述する．

●リスト 5.12　プログラムの概形

```
while………無限ループを表す
    係数を読み込んで印刷
    2次方程式 ax²+bx+c=0 を解く
}
```

② 次に，プログラムの詳細を書く．そのとき，リスト 5.13 のように段階的に詳細化していくとよい．

●リスト 5.13　プログラムの段階的詳細化

```
while
a, b, cを読み込んで印刷
    if(a == 0 && b == 0 && c == 0)
        停止；
    else if(a == 0 && b == 0)
        方程式は c = 0;
    else if(a == 0)
        方程式の解は -c/b のひとつ
    else if(c == 0)
        根は -b/a と 0
    else {
        実部 = -b/2a;
        判別式 = b× b-4×a× c;
        虚部 = sqrt(abs(判別式)) /(2a);
        if(判別式 > = 0)
            根は実部 ±虚部
        else
            根は（実部，±虚部）
    }
```

③ ②の詳細化を納得のいくまで行ったら，本来使用する言語で記述する．

以上のことに留意しながら，繰返し構造の終了条件に関する例題

に取り組む．

## 【例題3】

電子図書館の簡易タイトル検索ソフトを開発したい．検索表示数は20件までとし，20件表示された段階で検索を打ち切るものとする．

書籍のタイトルはキーボードから入力し，入力後，そのタイトルが含まれる書籍を検索し，見つかれば書籍のタイトルと著者名を出力する．これを20件まで行い，20件を超えたらプログラムを終了する．

以上の条件で，検索プログラムを作成しなさい．なお，リスト5.14のタイトル検索プログラムの点線部分を変更して作成するものとする．

●リスト5.14 タイトル検索プログラムの例

```
#include < stdio.h >
#include < string.h >
#include < malloc.h >

#difine MYBUFSIZE 256
#difine tasize 64

typedef struct {
    char title[tasize];    /* タイトル */
    char author[tasize];   /* 著者名 */
} book;
book *getBook(FILE* fp)
{
    char sBuf[ MYBUFSIZE ];
    char* r;
    book *p =(book*)malloc(sizeof(book));
    r = fgets(sBuf, MYBUFSIZE-1, fp);
    if(r == NULL) {free(p); return NULL;}
    strncpy(p -> title, sBuf, 64);
    r = fgets(sBuf, MYBUFSIZE-1, fp);
    if(r == NULL) {free(p);return NULL;}
    strncpy(p -> author, sBuf, 64);
    return p;
}
void main()
{
```

```
book *pBook;
FILE* fp = fopen("book.dat", "rt");
   while(( pBook = getBook(fp)) != NULL) {
      printf(" 書籍タイトル : %s, 著者名 %s¥n", pBook -> title,
      pBook -> author);
      free(pBook);
   }
   fclose(fp);
}
```

## 【解答例】

リスト 5.15 に，検索ロジックの解答例を示す．

● リスト 5.15　検索ロジックの修正解答例

```
    char s[256];
    book *pBook;
    FILE* fp;
    int i = 0;

    fp = fopen("book.dat", "rt");

    printf(" 書籍タイトル :");
    scanf("%s", s);

    while(i < 20 &&(pBook = getBook()) != NULL){

      if(strcmp(pBook -> title, s)== 0) {
           printf(" 書籍タイトル :%s, 著者名 %s¥n", pBook ->
           title, pBook -> author);

          i++;
       }
    }
    fclose(fp);
```

## 【ポイント】

この問題をフローチャート化すると図 5.10 のようになる.

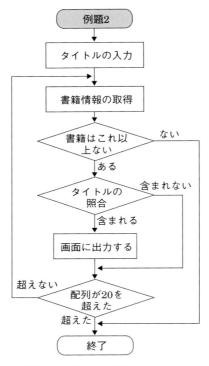

図 5.10　例題 2 のフローチャート

単純にリスト 5.14 のプログラムコードと図 5.10 のフローチャートを利用してコードを記述しようとすると，フロー中の「配列が 20 を超えた？」の「超えた」というループ終了部分は，break 文によって記述してしまいがちである．

しかし，それでは何をきっかけにしてループが終了するのかが不明確になる．そこで，リスト 5.15 の解答プログラムでは終了条件を

① 最後の書籍情報まで検索を終えた（getBook()！=NULL）
② マッチした書籍が 20 件を満たした（i<20）

のどちらかが満たされたときと明確にしている．このように，繰返

しの終了条件を明確にすることは，プログラムが大規模になればなるほど重要になってくる．

### (c) データ構造とプログラムの構造

プログラムの構造をシンプルなものにするためには，データ構造にも同様に気を配る必要がある．特に，同じような動作を繰り返す場合は，データの配列を使うことで条件分岐や繰返しを少なくすることができ，プログラムが単純化される．

以下に，データ構造とプログラムの構造に関する例題をあげる．

【例題 4】

long 型で表された数値を，"12 億 1 000 万 500" のような形式で画面出力する関数 void printMoney（long money）の実装をしたい．この関数を，繰返しと条件分岐ができるだけ少なくなるように工夫して実装しなさい．なお，対応する桁は "千" "万" "億" とする．

例） 1,520,125,685  →  15 億 2 012 万 5 千 685
　　　 220,000  →  22 万

【解答例】

● リスト 5.16　数値の画面出力プログラム

```
#include < stdio.h >
void printMoney(long money)
{
    long remain = money, m;
    long beamValue[3]= {100000000L, 10000L, 1000L} ;
    char beamName[][3]= {"億", "万" , "千"} ;
    int i;
    for(i = 0 ; i < 3 ; i++ ) {
            m = money / beamValue[i];
            if(m > 0) {
              printf("%ld %s", m; beamName[i]);
              money = money % beamValue[i];
            }
    }

    if(money > 0) printf("%ld", money);
}
int main(void)
{
```

```
        printMoney(1520125685L);
        printf("円 ¥n");
        printMoney(220000L);
        printf("円 ¥n");
}
```

【ポイント】

この関数は，複数の条件分岐を用いたフローで実現できるが，これらの条件分岐は非常に似通ったものであり，次の値が異なっているだけである．

・桁の名前（億など）
・桁の名前と対応する値（億ならば100,000,000，万ならば10,000など）

そこで，ちょっと工夫して，上記2つの値の組を変数に格納しておき，それを繰返しにより処理することを考える．具体的に，beamName，beamValueという配列変数に，次のように値を格納する．

・beamValue には，桁の値を大きいものから順番に格納する
　　(1) 100,000,000　　(2) 10,000　　(3) 1,000
・beamName には，桁の名前を大きいものから順番に格納する
　　(1) 億　　(2) 万　　(3) 千

つまり，この2つの配列変数によって，桁の名前と，その名前を具体的にどの値の桁に挿入すればいいのかという対応関係（データの構造）を定義している．

## 3. コメントの必要性とプログラムの効率化

### (a) コメントの必要性

プログラムにコメントを付けるのは，読み手の理解を助けるためである．したがって，モジュールの先頭には，そのモジュールの概要と機能を記述しておくことが重要となる．また，データ構造に関しては，プログラムを一読しただけでは理解できない場合が多いので，コメントにより構造を記述しておくと，わかりやすいものとなる．

以下に，コメントを記述するときに留意すべき点をあげる．

- コメントは，データ構造，プログラムの制約，変数の制約など，プログラムからでは直接読み取りにくい部分に付ける．
- コメントは，必ずプログラムと一致させる．誤ったコメントは，意味をなさないだけでなく，読み手を混乱させる原因となる．
- コメントばかりに頼らず，変数名や関数名に気を配り，プログラムそのものを理解しやすく記述する．

コメントは，あくまで補助的なものである．良くないプログラムに詳細なコメントを付けたところで，プログラムそのものが良くなるわけではない．コメントよりも，まず，良いプログラムを作成することに力を注ぐべきである．

**(b) プログラムの効率化について**

プログラムの性能をあげることは大切であるが，凝りすぎるあまり，理解しにくいプログラムになることは避けなければならない．また，ハードウェアやコンパイラなどの性能向上により，プログラムの効率も時とともに上がっていくものであり，いくら性能にこだわっても，いずれ時代遅れのものとなってしまう場合が多い．

以下に，効率化を行う場合の思考順序を示す．
- 問題を解決するための正しいアルゴリズムを選択する．
- アルゴリズムを正しく，わかりやすくプログラミングする．
- 最適化はコンパイラに任せる．最初から速くするためのプログラミング上の細かな技巧をこらさない．
- 実行時のプロファイルから，実行速度上ネックになっている箇所を探し，その部分の高速化に注力する．
- コンピュータに依存する効率化は最後に行う．

## 演習問題

問1　プログラム書法と作法の注意点を記述せよ．
問2　誤りの起きにくいプログラムの書き方とそのポイントを述べよ．
問3　プログラムの構造化を使用しない場合の問題点と，使用した場合の効果を述べよ．

# 第6章

# テストと保守

　テストと保守は，これまで学んできた要求分析，設計，プログラミングに続くソフトウェア開発の最終工程にあたる．これらの工程は，製品としてのソフトウェアを完成させ，さらに発展させていくうえで非常に重要である．

　この章では，ソフトウェア開発における品質検査の一手段としてのテストと，ソフトウェア運用開始後の品質管理活動である保守について学ぶ．

## ■6.1　テスト工程

### ▎1．テストとは

　テストは，品質管理活動における一検査手段である．そのため，限られた時間内に，被テストプログラムが目標とする品質指標を達成しているかどうかを判定できなければならない．

　一方，図6.1に示すように，テストはプログラム内に残存する欠陥を検知するためにプログラムを実行する行為でもある．被テストプログラムに対して欠陥がないことを保証できるテストケースの全集合を**テスト空間**と呼ぶこととする．通常，テスト空間は非常に大きいのに対して，1回のテストは1つの実行パスにすぎない．限ら

れた時間内ですべての状況におけるすべての実行パスをテスト実行することは不可能なので，テストでは，プログラムにまったく欠陥のないことを保証することができない．

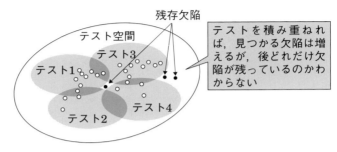

図6.1　テスト空間とテスト

そのため，テストにおける主な課題は以下の2点となる．
① テストを，限られた時間内で最大効率を上げるものにする．
② テスト実行結果によって，プログラム品質を保証するための定量的な品質指標を与える．

## 2. テストプロセスと技法

テストプロセスとそこで利用されるテスト技法との関係を，図6.2に示す．テストプロセスは，製造プロセスから仕様を受領することで開始され，その仕様に基づいて計画と準備を行う．

計画段階では，品質目標値の設定とテスト手順の計画を行う．準備段階では，テスト環境の準備とテストケース設計を行う．次に，製造プロセスより被テストプログラムを受け取ると，テスト実行と評価を行うことができる．実行段階では，テスト実行と結果確認・記録を行う．評価段階では，テスト実行結果が計画段階で設定した品質目標値を満たしているかどうかを判定し，満たせばテストプロセスを終了し，満たさなければプログラム修正後，さらにテスト実施を繰り返す．

テスト容易性：
testability

テストプロセスだけでなく，開発プロセス全体で**テスト容易性**を組み込んでいくことで，小さなコストでより大きなテストの効率化を達成できる．テスト容易性は，テストプロセスの前段階であるシ

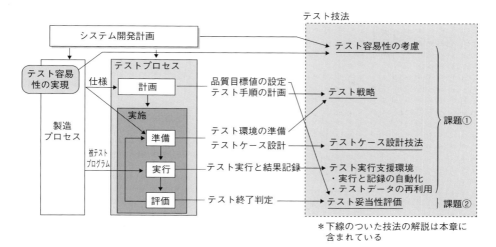

図 6.2 開発プロセス全体におけるテストプロセスと技法

ステム開発計画および製造プロセスで考慮される必要がある．

図 6.2 の右端に示すように，テストプロセスに対して課題①と②を解決するために，それぞれ種々のテスト技法が用意されている．

## 3. テスト工程の位置付けとテスト容易性の実現

テストでは，プログラムをテスト実行することにより，開発の各段階で作成された仕様を被テストプログラムが満たしているかどうかについて検査する．開発の各段階とテスト段階がどのように対応しているかを図 6.3 に示す．

ソフトウェア単体・組合せテスト段階は，ソフトウェア詳細設計段階と対応している．この段階では，詳細設計書に基づいてモジュール仕様と結合時整合性の確認を行う．次に，ソフトウェア統合テスト段階は，ソフトウェア基本設計段階と対応している．この段階では，基本設計書に基づきソフトウェア外部仕様の確認を行う．システムテスト段階は，システム設計段階と対応しており，システム仕様書に基づき開発者側での最終的なテストとしてシステム動作と性能の確認を行う．最後に，受入・導入テスト段階は，要求分析段階と対応しており，要求仕様書に基づき実運用状況下での要求仕様の確認を行う．

第6章 テストと保守

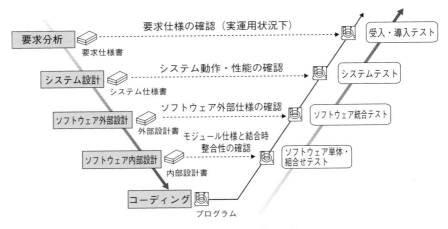

図6.3 テストと開発段階との対応

このように，テストは，要求分析，設計，コーディングと対の関係になっており，テスト工程だけで効率を上げる努力をするよりも，開発プロセス全体でテスト容易性を組み込んでいくことで，テスト効率を飛躍的に高めることができる．テスト容易性を実現するためには，以下の点が重要である．

### (a) 要求と設計の対応づけを明確にする

＊あるまとまった機能を実現するプログラムモジュールの集まりのこと．

テスト網羅行列：test coverage matrix

要求とプログラムブロック＊との関連を記述する**テスト網羅行列**を作成し，これを展開していく設計を行うようにする．表6.1はテスト網羅行列の例である．表6.1で，要求1.1はブロックB1とB2にだけ関連している．

テスト網羅行列は，設計時に各要求項目の充足性を追跡できると

表6.1 テスト網羅行列

| 要求項目 ＼ プログラムブロック | B1 | B2 | B3 | B4 |
| --- | --- | --- | --- | --- |
| 1.1 | × | × |  |  |
| 1.2 |  | × |  | × |
| 1.3 |  |  | × |  |
| 2.1 | × |  |  | × |
| 2.2 |  |  | × |  |
| ⋮ |  |  |  |  |

ともに，システムテスト，受入・導入テスト時に要求項目を検証する際，どのプログラムブロックが実行されたかを把握することができ，欠陥原因の追及に便利である．また，システムの修正に対する**回帰テスト**を行う際のテスト必要部位を把握するのに役立つなどの利点を持つ．

> 回帰テスト：
> regression test

**(b) プログラム・アーキテクチャに対する以下の配慮をする**

> 高強度：cohesion
> 低結合度：coupling

① 良いモジュール構造（高強度（cohesion）と低結合度（coupling））を実現すること．高強度で低結合度であれば，各モジュールを独立してテストしやすく，またモジュール間のインタフェースを抑えることができるので，モジュールを結合したテストでもテスト項目を少なく抑えることができる．

② プログラムの主処理部分を，周辺機器や通信など外部とのインタフェースから分離してインタフェースを定義すること．それによって，プログラムが周辺機器に依存しているため，テストを手入力と目視照合で行わざるを得なかったものを，複雑な主処理を分離してメモリ上の入出力をテスト用のインタフェースとして用意することで，網羅的に自動テストできる環境を作ることができる．

③ プログラム主処理が並行性や割込処理などを有する場合，そうした制御構造と各機能の逐次処理部分をできるだけ分離する設計を行うこと．

**(c) システム開発計画段階から，開発手法・環境，コーディング規約などを注意深く選択する**

テスト実行支援環境は，テスト効率化に重大な影響を与えることが知られている．良いテスト実行支援環境を選択できるかどうかは開発計画全体にとって非常に重大であり，利用可能な支援環境が開発言語・手法の選択に制約を与える場合も多い．

## 4. テスト環境の準備

ソフトウェア単体・組合せテストを行う際，被テストモジュールだけでは，テストを実行できない．まず，実行を制御し，テスト入力と結果出力を行うプログラムが必要となる．これを**ドライバ**と呼ぶ．また，被テストモジュールから呼び出すモジュールがない場合，

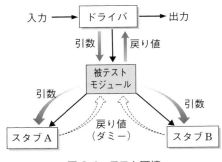

図 6.4　テスト環境

ダミーの呼出しモジュールが必要となる．これを**スタブ**と呼ぶ．図 6.4 に示すように，ドライバとスタブなど，被テストモジュールのテスト実行に必要な環境をそのモジュールの**テスト環境**と呼ぶ．

単体テストをすべてのモジュールに対して全く独立に行うなら，モジュールの呼出し数の総和（スタブ）＋モジュール総数（ドライバ）だけのテスト用モジュールを作成する必要が生じる．特に，ドライバは作成に時間がかかり欠陥が混入する危険も増えるため，できるだけ作成数を減らす工夫が必要である．

## 5. テスト戦略

プログラムをどの部分からテストしていくかは，テストの効率に著しく影響を与える．ここでは，単体および組合せテストを計画的に行うための戦略について説明する．

　**(a) 増加テスト法**

増加テスト法は，モジュールを結合させながら単体・組合せテストを順次進めていくテスト戦略である．典型的な増加テスト法として，トップダウンテストとボトムアップテストがある．図 6.5 に，この 2 つの増加テスト法の概念を示す．

　① **トップダウンテスト**　トップダウンテストは，呼ぶ側のモジュール，すなわちモジュール構成上の上位モジュールから先にテストを実施し，順次下位モジュールを加えながらテストを進める方法で，以下のような特徴を持つ．
　　・上位モジュールにありがちな重大な欠陥を先に発見できる．

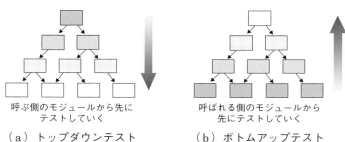

図6.5　トップダウンテストとボトムアップテスト

- ドライバを作る必要はないが，スタブを作る必要がある．
- 当初からプログラムの統合状態でテスト環境を構成するので，下位モジュールを並行的にテストすることが難しい．
- テスト済の上位モジュールを使うため，被テストモジュールへの入力が制限され，テストを網羅的に行うことが困難である．

② **ボトムアップテスト**　ボトムアップテストは，呼ばれる側のモジュール，すなわちモジュール構成上の下位モジュールから先にテストを実施し，順次上位モジュールを加えながらテストを進める方法で，以下のような特徴を持つ．

- 下位モジュールを独立してテストできるため並行したテスト作業が可能である．
- スタブを作る必要はないが，ドライバを作る必要がある．
- アーキテクチャやインタフェースに関する重大な欠陥がテストの最終段階近くにならないと見つからない．
- 被テストモジュールへの入力を自由に与えることができるので，網羅性高くテストすることが可能である．

　通常，トップダウンとボトムアップの利点と欠点を考慮しつつ，これらを組み合わせた戦略を採ることが多い．

**(b) テスト手順の計画における考慮事項**

　テスト計画には，テスト人員をいかに有効に使うかという視点も必要である．例えば，テストを行うチーム員数が十分多ければ，多少のむだがあったとしても，担当モジュールを分けてテストを並行して進めたほうがテスト期間を短縮できる．また，開発スケジュー

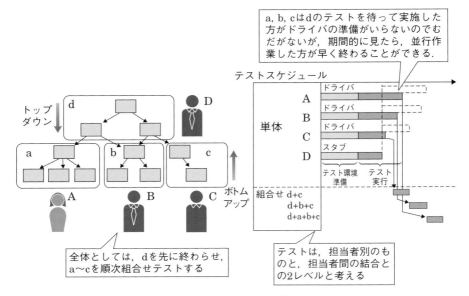

図 6.6　テスト手順の計画

ルとの整合性をとることも必要である．テストを行いたくても，被テストモジュールが作成されていなければ，確保したテスト人員に遊びが生じる．通常，図 6.6 に示すように，モジュール構成の中で並行に作業が可能な部分を見い出し，テスト員ごとに分担させ，担当分が出そろったところで組合せテストを行うという方法を採る．

テスト戦略は，各テスト員の担当モジュール範囲内の単体テストと，異なるテスト員が担当するモジュール範囲を複数個結合して行う組合せテストの 2 レベルで適用できる．

## 6.2　テストケース設計技法

テストケース設計は，テスト技法の中核をなしている．限られた時間内に完全なテストを行うことは不可能であるから，できるだけ少ない数でできるだけ多くの欠陥を発見することのできるテストケース集合を見い出すことが求められる．テストケースは，テストを

実行するための入力の定義だけではなく，テスト結果を判定するために，期待する出力または結果の定義を含まなければならない．

テストケース設計には，**ブラックボックステスト**，**ホワイトボックステスト**，**ランダムテスト**，**妥当性確認テスト**の4種類の方法がある．

## 1．ブラックボックステスト

ブラックボックステストは，プログラムの機能記述（仕様）に基づき，可能な入力の組合せとその入力に対する出力を選択する方法である．ブラックボックステストのためのテストケース設計法を，図6.7の例を用いて説明する．

**(a) 同値分割**

同値分割法は，プログラムの入力条件を使って，テスト入力空間

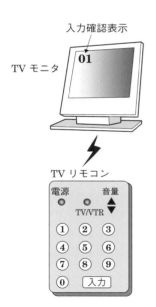

| 仕様詳細 |
|---|
| ・**電源ボタン**：電源のオンとオフの切換え |
| ・**TV/VTRボタン**：テレビとビデオの切換え |
| ・**音量UP/DOWNボタン**：音量調節（本例題では使わない） |
| ・**数字ボタンと入力ボタン**：数字ボタンで2桁の数字01〜64を入力してから入力ボタン（Enter）を押すか，2秒間何も入力しないと，チャンネルが切り換わる．数字入力が00および65〜99の場合は無視される |
| ・**入力確認表示**：TVモニタには数字ボタン入力に伴い2桁の数字が更新表示される．例えば，1を押すと01，次に2を押すと12，さらに3を押すと23が表示される．この場合，チャンネルが切り換わると表示は消える．TV/VTRボタンが押されると，テレビモードならVTR，ビデオモードならTVと表示される．この場合，2秒間たてば自動的に消える |

図6.7 テレビリモコンの制御の例

を分割する手法である．入力条件とは，テスト入力空間を限定する条件式を指す．入力値 a と b に対して条件式 a>1 や a+b>0 などは入力条件になり得る．同値分割法は，入力条件を網羅する最少のテストケースを作り出すことができ，また系統的な手法なので個人差が現れにくいというメリットもある．応用範囲が広く，かつ有効性の高い手法である．

同値分割法では，**同値クラス**という概念が重要になる．同値クラスは，入力条件について，プログラムにとって同じ扱いを受けるはずの値の範囲を指す．同値クラスのうち，プログラムにとって有効な入力を**有効同値クラス**，無効なものを**無効同値クラス**と呼ぶ．

同値分割法の手順を以下に示す．なお，ここでは，図 6.7 のうちチャンネル入力の部分についてのみテストケース設計を行うこととする．

【手順 1】入力条件ごとに，有効同値クラスと無効同値クラスを設定する

チャンネル入力に関わる入力条件は，数字の値，数字の桁数，数字入力後の入力の 3 種類である．数字の値はチャンネルに対応し，有効同値クラスには 1～64，無効同値クラスには 0 と 65～99 がある．同値クラスに通し番号を付けておく．

表 6.2 同値クラスの識別

| 入力条件 | 有効同値クラス | 無効同値クラス |
|---|---|---|
| (1) 数字の値 | 1～64[1] | 0[2]，65～99[3] |
| (2) 数字の桁数 | 1桁[4]，2桁[5]，3桁以上[6] | 0桁[7] |
| (3) 数字後の入力 | Enter[8]，入力なし(2秒タイムアウト)[9] | 電源OFF[10]，TV_VTR[11] |

【手順 2】テストケースを設定する

すべての同値クラスを使い切るまで，以下のテストケース設定を繰り返す．

　［①］　できるだけ多くの有効同値クラスを用いるテストケース
　［②］　無効同値クラスの 1 つだけを用いるテストケース

手順 2 を適用し，テストケースを導いた結果（a～h）を表 6.3 に示す．

表 6.3　テストケースの識別

| テストケース | | | 有効同値クラスのカバー [①] | | | 無効同値クラスのカバー [②] | | | | |
|---|---|---|---|---|---|---|---|---|---|---|
| 同値クラス | | | a | b | c | d | e | f | g | h |
| 入力条件(1)<br>数字の値 | 有効 | ① | ○ | ○ | ○ | | | ○ | ○ | ○ |
| | 無効 | ② | | | | ○ | | | | |
| | | ③ | | | | | ○ | | | |
| 入力条件(2)<br>数字の桁数 | 有効 | ④ | ○ | | | ○ | | ○ | | |
| | | ⑤ | | ○ | | | ○ | | | |
| | | ⑥ | | | ○ | | | | | ○ |
| | 無効 | ⑦ | | | | | ○ | | | |
| 入力条件(3)<br>数字後の<br>入力 | 有効 | ⑧ | ○ | | ○ | ○ | | | | |
| | | ⑨ | | ○ | | ○ | | | | |
| | 無効 | ⑩ | | | | | | | ○ | |
| | | ⑪ | | | | | | | | ○ |

　実際のテストケースは，同値クラスの中から無作為に1つ値を取り出すことで作ることができる．例えば，表6.4のようになる．

表 6.4　同値分割法によるテストケース結果

```
a) 8→Enter              ⇒  ch 8へチャンネル変更
b) 2→4→タイムアウト      ⇒  ch 24へチャンネル変更
c) 2→4→5→Enter         ⇒  ch 45へチャンネル変更
d) 0→タイムアウト        ⇒  変更なし
e) 7→5→Enter           ⇒  変更なし
f) Enter                ⇒  変更なし
g) 5→電源OFF            ⇒  電源OFF
h) 2→1→8→TV_VTR        ⇒  TVならVTRへ切り換え，VTRならその逆
```

　同値分割法が見い出す欠陥は，プログラムの処理における論理ミスに起因するものである．例えば，無効同値クラス②（ch＝0の場合）を忘れて，チャンネル変更処理を行ってしまうケースなどがある．

```
if(ch <= 64) {/* チャンネル変更処理 */}
```

**(b) 限界値分析**

　限界値分析は，同値分割法では見つからないプログラミング上の実装ミスを見い出すための技法である．例えば，先のチャンネル変

更処理で，64は本来含まれるはず（ch <= 64）が，=を忘れてしまって次のように実装してしまうケースがある．

```
if(ch > 0 && ch < 64) {/* チャンネル変更処理 */}
```

限界値分析は，こうした誤りを発見できるように，プログラム条件の変わり目と思われる値に焦点を絞り，テストケースを設計する．プログラム処理の変わり目を見い出すには，プログラミングのセンスと経験を必要とするため，同値分割とは異なり，単純な技法化は難しい．大まかな指針は，以下のようである．

**【指針1】入力条件だけでなく出力条件も考慮する**

同値分割では入力条件のみに注目したが，限界値分析では，ファイル出力，表示出力，パケット出力などの出力にも注目する．例えば，固定長レコードを出力する場合，出力なし，1行出力，複数行出力などのケースをあげることができる．

**【指針2】各条件の境目の値をテストケースとして選択する**

有効な同値クラスの端，およびその端と隣り合わせの無効値を選択する．上記固定長レコードの場合，80文字が1行とすれば，80と81文字が選ばれるケースとなる．

図6.7のうちチャンネル入力の部分について，限界値分析を適用し，テストケースの追加を行った結果を表6.5に示す．②，③は，プログラムにおける処理の変わり目を意識して設計したものである．

表6.5　限界値分析法によるテストケース結果

| |
|---|
| ①入力条件1（数字の値）で，有効値は1〜64であることから，数字0，1，64，65を選ぶ．無効値の最大値99もケースとして選択できる． |
| i）1→Enter　　　⇒　ch1へチャンネル変更<br>j）6→4→Enter　⇒　ch64へチャンネル変更<br>k）6→5→Enter　⇒　変更なし<br>l）9→9→Enter　⇒　変更なし |
| ②入力条件2（数字の桁数）で，3桁，100桁（多いケース）を選ぶ． |
| m）9→0→0→Enter　　　　　　　⇒　変更なし<br>n）1→1→…→1（100回）→Enter ⇒ ch11へチャンネル変更 |
| ③入力条件3（数字後の入力）で，2秒付近のテストケースを選ぶ． |
| o）1→6→（2秒強）→TV_VTR ⇒ ch11へチャンネル変更→TV/VTR切換え<br>p）1→6→（2秒弱）→TV_VTR ⇒ チャンネル変更なし→TV/VTR切換え<br>q）1→（2秒弱）→1→（2秒弱）→…→1→Enter ⇒ Ch11へチャンネル変更 |

## （c）状態ベース仕様に基づくテストケース設計

*状態遷移図および表，ペトリネット，決定表など，入力と内部状態の組合せに対して出力を決定する仕様記述法で書かれた仕様．

　このテストケース設計法は，状態ベース仕様*からあるレベルの仕様範囲を含むことを目的として，テストケースを生成する技法である．

　このカテゴリに属するテストケース設計法は，機能的仕様の網羅度と対応しており仕様とプログラムとの一致性を保証していること，仕様記述から複雑な工程を経ずにテストケースを生成できることなどの優れた点を持つ技法である．

　これに対して，**原因−結果グラフ**を利用したテストケース設計技法は，機能仕様の網羅性とツール支援のしやすさから一時期，非常に注目されたが，テストケース設計時に論理回路に似た記述への焼き直しが必要になることから，現在はあまり普及していない．

　図 6.7 の全体の仕様は，表 6.6 に示す状態遷移表で表現される．

**表 6.6　図 6.7 に対する状態遷移表**

| 状態 | | イベント | FIG(n) | Enter | | | TV_VTR | 電源SW | Timeout | | |
|---|---|---|---|---|---|---|---|---|---|---|---|
| OFF | | | — | — | | | — | ON* | | | |
| ON | TV | 非表示 | TV. 数字表示 | — | | | VTR. 文字VTR | OFF | | | |
| | | | start(n) | — | | | — | — | | | |
| | | 数字表示 | | [数字適正] TV. 非表示 | else | TV. 非表示 | VTR. 文字VTR | OFF | [数字適正] TV. 非表示 | else | TV. 非表示 |
| | | | update(n) | チャンネル変更 | | — | — | — | チャンネル変更 | | |
| | | 文字TV | TV. 数字表示 | — | | | VTR. 文字VTR | OFF | TV. 非表示 | | |
| | | | start(n) | — | | | — | — | — | | |
| | VTR | 非表示 | VTR. 数字表示 | — | | | TV. 文字TV | OFF | | | |
| | | | start(n) | — | | | — | — | | | |
| | | 数字表示 | — | [数字適正] TV. 非表示 | else | VTR. 非表示 | TV. 文字TV | OFF | [数字適正] TV. 非表示 | else | VTR. 非表示 |
| | | | update(n) | チャンネル変更 | | — | — | — | チャンネル変更 | | — |
| | | 文字VTR | VTR. 数字表示 | — | | | TV. 文字TV | OFF | VTR. 非表示 | | |
| | | | start(n) | — | | | — | — | — | | |

　　　は表6.5のテストケースによりカバーされる仕様範囲
FIG(n) は数字n (0〜9) の入力を表す
ON*は，ON状態を最後に脱出したときにいた最下位状態（ON, TV, 非表示）を指す

表を簡単に説明すると，入力は「イベント」，内部状態は「状態」，各セルは各状態に対してイベントが生起した場合の「出力」を表す（上段は次状態，下段はアクション出力）．記号「-」は上段では状態変更なし，下段ではアクションなしを表すこととする．また[　]は条件記述を表す．

表 6.6 から，仕様の網羅基準として状態遷移の網羅性をとった場合におけるテストケース設計の手順を示す．

① 表 6.6 で全セルを通過するようなテストケースを目標とする．
② 初期状態から，なるべく多くのセルをたどることができるようにイベント列を見い出す．次状態が「-」のセルがあれば，これを優先して選ぶ．これは，同じ状態に留まるイベントを選択することを意味する．

表 6.7 表 6.6 のテストパスに対応するテストケース

| | イベント系列 | 表示状態 | 画面モード |
|---|---|---|---|
| | | OFF | OFF |
| 1 | FIG（1） | - | - |
| 2 | Enter | - | - |
| 3 | TV_VTR | - | - |
| 4 | 電源SW | 文字## | TV##ch |
| 5 | FIG（2） | 文字2 | - |
| 6 | FIG（3） | 文字23 | - |
| 7 | Enter | 非表示 | TV23ch |
| 8 | Enter | - | - |
| 9 | TV_VTR | 文字VTR | VTRモード |
| 10 | Enter | - | - |
| 11 | Timeout（2） | 非表示 | - |
| 12 | Enter | - | - |
| 13 | TV_VTR | 文字23 | TV23ch |
| 14 | TV_VTR | 文字VTR | VTRモード |
| 15 | TV_VTR | 文字23 | TV23ch |
| 16 | Enter | - | - |
| 17 | Timeout（2） | 非表示 | - |
| 18 | FIG（0） | 文字00 | - |
| 19 | Enter | 非表示 | TV23ch |
| 20 | 電源SW | - | OFF |

③ 行き着けないセルがある場合には，初期状態からたどり直す．
④ すべてのセルを通過した時点で終了とする．

図 6.7 の例に対する最初のテストパス（手順②に対応）は，表 6.6 のように選択できる．これに対応するテストケースを表 6.7 に示す．

システムのすべてのふるまいを状態ベースの仕様として記述することは，たとえ小さなプログラムであっても困難である．例えば，表 6.6 はチャンネル変更の数字入力詳細を記述していないが，2 桁の数字の組合せ（00〜99）を状態として考えると，状態空間は膨大なものとなる．状態ベースの仕様は，システムの主要な制御動作を記述するために用いられることが多く，こうした部分の機能テストとして利用するのが望ましい．範囲を持った入出力条件に対するプログラム仕様は，同値分割法と限界値分析法を利用することを推奨する．

## 2. ホワイトボックステスト

ホワイトボックステストは，プログラムの内部処理に注目し，プログラム構造を網羅するようにテストケースを見い出す方法である．プログラム構造の何を網羅するかによって，いくつかのレベルがある．

最もよく用いられる基準が，命令網羅と分岐網羅である．図 6.8 に示すプログラムを例として，これらを説明する．

### (a) 命令網羅テスト

プログラムの全ステートメントが実行されているかどうかを網羅度の基準とする．この基準を**命令網羅**と呼ぶ．このプログラム例では，次の 1 つのテストケースでこの網羅度を達成することができる．

命令網羅：
statement coverage

```
n = 1, cond = true
```

### (b) 分岐網羅テスト

プログラムの条件分岐がすべて実行されているかどうかを網羅度の基準とする．この基準を**分岐網羅**と呼ぶ．このプログラムでは，次の 2 つのテストケースでこの網羅度を達成することができる．

分岐網羅：branch coverage

```
n=1, cond=true
n=1, cond=false
```

```
void initialize (int *array, int n, bool cond)
{
    int i=0 ;
    if (cond == true)
            while (i < n)
                    array[i++]=0;
}
```

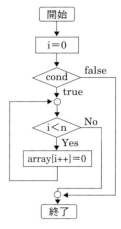

**図6.8　被テストモジュールとフローチャート**

　これらの例を見てわかるように，命令網羅・分岐網羅ともに，前述のドメイン分割や限界値分析に比べて，十分なテストケースとはいえない．しかし，プログラム構造を見ることによって，複雑な入力条件の組合せでのみ起こるエラー処理などをテストすることができる．通常，ブラックボックステストで足りないテストケースを補充するために用いる．

### 3. ランダムテスト

　ランダムテストは，被テストプログラムの入力空間から，入力データをランダムに抽出することでテストケースを作り出す方法である．どのような確率的モデルを入力データの生成に使うかで，いくつかのバリエーションがある．通常の運用環境での入力に関する確率モデルが存在するなら，その確率モデルを用いて入力データを発生させることで，実運用下でのテストに近い状況を作り出すことができる．

　ランダムテストは，コンピュータによって容易に多数のテストケースを作り出せ，テストケース設計者が思いもよらぬテストケースを作ることができる利点を持つ．逆に，テストケース数に対してプログラム構造に対する網羅度が低い点が欠点である．

## 4. 妥当性確認テスト

妥当性確認テストは，ユーザ要求の非機能的な側面を満足していることを確認するテストである．したがって，これまで述べてきたテスト設計技法とは異なる視点からテスト設計を行うことが必要である．表6.8に，妥当性確認テストの14個のテスト種別を示す．これらに対して，汎用的に用いることができるテストケース設計技法はないため，効果的なテストケースを作るためには，創造性，知識，経験が必要である．

表6.8 妥当性確認テストのテストケースの14の種別

| | 妥当性確認テストの種類 | テスト対象 |
|---|---|---|
| 1 | 大容量テスト | 想定データ量をはるかに超えた場合におけるシステムのふるまい |
| 2 | ストレステスト | 過負荷状態におけるシステムのふるまい |
| 3 | 有用度テスト | 人間的要因 |
| 4 | セキュリティテスト | データ保全性 |
| 5 | 性能テスト | 応答時間や処理速度 |
| 6 | 記憶域テスト | プログラムで使用する記憶域のサイズ |
| 7 | 構成テスト | 種々のシステム構成下での動作 |
| 8 | 互換性・変換テスト | 既存システムとの互換性や変換手順の妥当性 |
| 9 | 設置テスト | システム設置手続きの妥当性 |
| 10 | 信頼性テスト | 要求MTBF |
| 11 | 回復テスト | 障害からの回復機能の動作 |
| 12 | サービス性テスト | 保守機能の動作 |
| 13 | 文書テスト | 文書の正確性と明瞭性 |
| 14 | 手続きテスト | オペレータ手続きの妥当性 |

## 5. テストケース設計技法のテスト段階への適応可能性

前項までに説明したテストケース設計技法は，単体・組合せテスト段階と，統合あるいはシステムテスト段階では適用範囲が異なる．表6.9にテストケース設計技法の各テスト段階における適用可能性をまとめておく．ランダムテストは，単体・組合せテストでは，テスト環境のコストおよびテスト効率が悪く，適用不可である．また，ホワイトボックステストは，統合・システムテストでは，対象プログラムの規模が大きく，プログラム構造から入出力を決定することが非常に困難になるため，適用不可である．妥当性確認テストは統合システムテスト段階で実施される．

表 6.9　テストケース設計技法の適用性

| テスト方法 | 単体・組合せテスト | 統合・システムテスト |
|---|---|---|
| ブラックボックス | ○ | ○ |
| ホワイトボックス | ○ | × |
| ランダム | × | ○ |
| 妥当性確認 | × | ○ |

## 6.3　テスト妥当性評価

　プログラムの品質を直接測ることはできない．テストを品質管理活動と捉えると，テストをどのように，どれだけ行えば，プログラムの品質をどれだけ保証できるのかが非常に重要になる．これを測る基準が**テスト妥当性**である．

テスト妥当性：
test adequacy

　テスト妥当性は，あるテストデータ集合の実行結果と，被テストプログラムの信頼性を結び付けるための概念である．テストの品質を測る尺度であり，テスト終了判定に用いる．

　テスト妥当性には，網羅性基準，欠陥除去基準，運用的基準の3つの基準がある（図 6.9）．

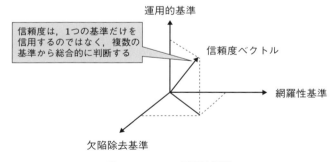

図 6.9　3つの信頼性基準

### 1. 網羅性基準

　網羅性基準は，テストに使用するテストケースが，テスト空間をどれだけ検査したかという基準である．一般に，テスト空間を絶対的な尺度で計測する手段はないため，被テストプログラムの測定可

能なある側面を捉えて網羅性を計算する．これは，選択したテストケース設計技法と裏返しの関係にあり，次の基準がある．

### (a) 仕様に基づく基準

これは，被テストプログラムの仕様を基準とするものであり，プログラムが仕様を満たしている尺度として利用される．

① **機能記述**

- **仕様書内の自然言語の機能記述に基づくもの**：機能記述を疑問文にして，テストケースとする*．この場合，網羅度は，（テストされる機能数）／（仕様書内機能数）となる．

\*例えば
システムは〜する
→システムは〜できるか？

- **状態ベースの仕様記述に基づくもの**：網羅度にはいくつかのレベルがある．例えば，全状態を通過するレベル，状態遷移を網羅するレベル，初期状態から終了状態への遷移列（パス）を基準と考えるレベルがある．

② **入力／出力条件**

- **入力条件に基づくもの**：同値分析によるテストケース設計のように，すべての入力条件を独立に網羅するレベル，2つの入力条件についての任意の組合せに対応するレベルなどがある．

- **入力／出力条件両方に基づくもの**：入力条件に基づくものと同様に，いくつかのレベルがある．原因−結果グラフに基づくテストケース設計法は，入力と出力両方の条件の可能な組合せを網羅するレベルである．

### (b) プログラムに基づく基準

これは，被テストプログラムの構造に基づいてその構造のどれだけの部分が実行されたかを基準とする方法である．

① **制御構造**　網羅度にはいくつかのレベルがある．例えば，全ステートメントを実行するレベル（命令網羅），条件分岐の真偽両方のパスを実行するレベル（分岐網羅），すべての条件式を評価するレベル（条件網羅）などがある．

② **データフロー**　変数値のプログラム内での変更（変数への代入）パターンの組合せを追跡するもの．

網羅度は，被テストプログラムに対して，実施したテストが何を保証しているかの基準を与えるものである．すでにテスト済みのテ

ストケース群を複数の網羅度で多面的に評価し，ある網羅度が満たされないときその網羅度を満たすようにテストケースを補充することにより，多くの欠陥を検出できる．

例えば，仕様から全状態遷移を網羅するテストケースを設計・実行し，それを分岐網羅で評価して，足りないケースを補充・実行することは，よく行われている方法である．テスト実行支援環境の中には，プログラムを規準とした網羅度を自動的に測定できるものがあり，これらを利用することで評価が非常に効率的になる．

品質保証上の指標として網羅度を利用する場合，100％達成を目標とすべきである．テストでどうしても実行できない部分があれば，その部分をレビューなどで確認し補完することが必要となる．

### 2. 欠陥除去基準

プログラムに内在する欠陥の総数がわかれば，検出された欠陥から，欠陥除去率が計算できる．実際には，欠陥総数は計測することができないので，モデルによる推定値を用いる．欠陥除去基準には，欠陥散布モデルと成長曲線モデルによるものがある．

#### (a) 欠陥散布モデル

被テストプログラム内に，あらかじめ欠陥を埋め込んでおいてテストを実施し，その検知欠陥数から潜在する欠陥の総数を推定する方法である．

欠陥散布モデルの改良形として，2つの独立したテストグループによるテスト結果から，欠陥総数を推定する方法が提案されている．2つのグループをAとBとすると，以下の式で推定できる．

$$\text{欠陥総数の推定値} = \frac{\text{Aが検知した欠陥数} \times \text{Bが検知した欠陥数}}{\text{AとBの両方で検知された欠陥数}}$$

#### (b) 成長曲線モデル

同一プログラムを，異なるテストデータセットで順次テストしていくと，新たに検出される欠陥は徐々に減ってやがて限りなく0に近づいてくるはずである．つまり，欠陥の累積数は，時間とともにプログラムが本来持っていた欠陥数へと収束する．このような考え方に基づき，欠陥の累積数を関数$f(t)$で表現したものを，欠陥検出

累積数の**成長曲線モデル**と呼ぶ．

成長曲線が求まれば，欠陥総数の予測値 $K$ がわかり，あるテスト時点における欠陥発見累積数を $K$ で割った数値は，プログラムの信頼度として用いることができる*．そのため，欠陥検出累積数の成長曲線は，**信頼性予測曲線**と呼ぶこともある．

＊例：99.9％の欠陥率

成長曲線は，テスト終了基準として用いることができる．すなわち，目標とするプログラムの信頼度を設定すれば，欠陥の目標検出件数が計算でき，テストの結果としての欠陥検出累積数がこれを超えたときをもってテストを終了するのである．また，成長曲線は，現在までのテスト結果からテスト終了日を予測するのにも用いることができる．

成長曲線モデルとして，よく使われるのは**ゴンペルツ曲線**である．図 6.10 に，ゴンペルツ曲線を用いた成長曲線の例とその使用方法を示す．この曲線は，S字型カーブを描くもので，テスト開始直後の検出効率の悪さを表現しつつ，指数的に漸近値へと収束する性質を持っている．ゴンペルツ曲線は次式で表される．

$$E = K \cdot a^{b^t} \qquad \cdots ①$$

ここで，$E$ は欠陥検出累積数，$K$ は $t \to \infty$ における $E$ の収束値である．$K, a, b$ （$a, b < 1$）は実測値より推定するパラメータである．

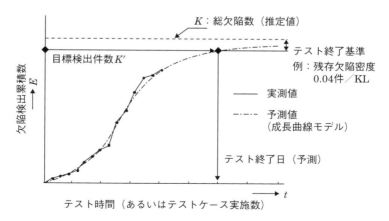

図 6.10　成長曲線モデルとその利用

ゴンペルツ曲線のパラメータ推定は，式①の両辺を微分し $K$ を消し込んだ上で両辺の対数をとり，式②の1次多項式へ変換した後，回帰分析によって $A, B$ を求めることにより行うことができる*.

$$D = At + B \qquad \cdots ②$$

ここで，$D = \log\left(\dfrac{dE}{dt} \cdot \dfrac{1}{E}\right)$, $A = \log b$, $B = \log(\log a \cdot \log b)$

*実際には，対数グラフを利用したシートで簡便にパラメータ推定を行う方法がよく用いられている．

成長曲線モデルがもたらす結果は，試験実施状況や不具合分析を加味し，トータルな評価を行う必要がある．成長曲線モデルは，プログラムの信頼度を直接測定するものではないので，数値そのものを絶対視することは危険である．特に，このモデルは，意味のあるテストが比較的均一な時間間隔で行われていることを仮定しており，この仮定が満たされているかどうかに注意を要する．成長曲線への適合性を評価するために，成長曲線に対する欠陥検出累積件数の上限と下限を設定し，実績値がその範囲外にならないかを監視する方法などがある．

試験フェーズが変わると，試験環境の変化により一時的に欠陥検出の頻度が増す．1つのフェーズの信頼度評価は，次の試験フェーズを予測するものではないことに注意を要する．

## 3. 運用的基準

信頼性工学の分野では，被検査対象に欠陥が発生するまでの平均時間である **MTBF** を基準に，信頼性を測定・評価する．この評価基準をソフトウェアに適用しようとしたものが**運用的基準**である．

MTBF：
Mean Time
Between Failure

運用的基準では，ソフトウェア製品の運用環境下において，欠陥が発生するまでの時間を測定する．この基準は，システムレベルのテストにのみ適用可能であり，テスト入力が運用環境時におけるシステムへの入力の確率モデルに従って生成されるランダムテストでなければならない．

ランダムテストと運用的基準は，他のテストと他の妥当性評価基準に比較して，現場における普及度は低い．それは，ランダムテストが欠陥発見という目的では効率の良い方法でなく，普及には自動テストを行うための支援環境を必要とするためである．しかし，ソ

COTS:
Commercial Off
The Shelf

フトウェア開発は，市販ソフトウェア製品（いわゆる COTS）を多く含むようになってきている．そうしたソフトウェアの品質を保証する手段として，ランダムテストと運用的基準の有効性が相対的に高まってきており，将来的にその利用が広まってくると考えられる．

## 6.4 保　　守

### 1. 保守とは

保守とは，以前は「運用開始後の不具合を修正する活動」と定義されていたが，最近の大規模ソフトウェア開発においては，「ソフトウェアをシステムの新たな目的と運用環境の変化に適合させていく継続的な活動」という認識に変化している．これは，ソフトウェアを製品ではなくサービスであると認識し，継続的に保守サービスを提供していくことが最近の傾向である．図 6.11 に示すように，保守は修正のため大きく 3 つの作業に分類できる．

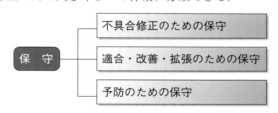

図 6.11　保守の 3 つの分類

#### (a) 不具合修正のための保守

不具合修正のための保守は，運用開始後に運用環境で生じたソフトウェアの運用上の問題や欠陥に対して修正を行うことである．出荷納期に追われ開発者のサイドにおいて十分なテストが行われなかった場合，ユーザサイドで多くの不具合が生じる．十分なテストを行ったとしても，ある程度の割合で必ず不具合は起こる．

一般に，運用開始後の欠陥修正は非常にコストがかかる．直接的には，次の 2 つが高コストの原因である．

① **修正までの作業が多い**　　ユーザからの不具合報告とその受領，開発者サイドでの不具合の再現と原因究明，修正とテス

ト，運用環境への再インストールまでの工程が長い．

② **開発チームが解散しているケースが多い**　1つの開発が終わると，大きな開発チームは解散し，少数の保守担当チームのみが残される．少数の担当者が製品全体を把握できているケースは少なく，不具合の原因究明と適切な修正方法を見い出すのに多大なコストを要する．

また，間接的にも，製品運用開始後の不具合はユーザの心証に悪い影響を与え，企業としての信用を落とすことでビジネスチャンスを失う危険もある．運用開始後の不具合は，以下のような原因により生じることが多い．

- **ユーザ要求との不一致**：要求に対する誤解，潜在的な見落としなど
- **運用環境との不一致**：性能上の問題，他のアプリケーションとの相互作用など
- **想定されていない利用**

#### (b) 適合・改善・拡張のための保守

新たなユーザ要求と，ソフトウェア環境やハードウェア環境およびシステム環境の変化へ適合させるために行う修正である．新たな契約により，プログラムの改修が行われる．これには，以下のような項目がある．

- ハードウェアの変更（機器増設）や，コンピュータの機種変更によるコンバージョン
- 使用 OS・ミドルウェアのバージョンアップに伴う不具合対処
- 追加要求による機能改善
- 性能改善

#### (c) 予防のための保守

厳密には保守作業ではなく，設計時における保守容易性の確保のことを指す．つまり，ユーザの将来の要求と運用環境の変化に対応できるように，プログラムの構造を柔軟にしておくことである．これには，第4章で述べたモジュール化の方法や，第7章で述べるオブジェクト指向技術などにより，仕様と環境の変化を局所化することがある程度できるようになってきている．これには，以下のような項目がある．

*1 例：デバイスドライバサポート

*2 例：インタフェースのラッピング

*3 例：フレームワーク化，事前に拡張要求を分析し，機能実装が局所化できるソフトウェア構造を実現

・ハードウェアの変化への対応*1
・将来のOSやミドルウェアの変化に対するインタフェース考慮*2
・将来の拡張機能項目への対処*3

## ▍2. クレーム対応の流れ

　ユーザの運用環境で，製品に何らかの不具合が発生し業務への支障があるとユーザからのクレームがメーカに伝えられる．メーカ内にはクレーム処理を受け付ける窓口部門と，クレームに対応した修正を担う保守部門がある．図6.12にメーカ内のクレーム対応の流れと作業内容を示す．

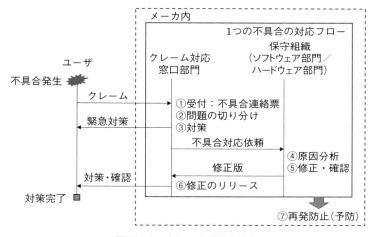

図6.12　クレーム対応の流れ

　図6.12の①～⑦について以下に説明する．
　①　受付：不具合連絡票
　窓口部門は，ユーザからのクレームを受け，不具合連絡票に起票し，不具合情報管理システムに登録する．不具合連絡票は以下の情報を含む．

1) ユーザ情報（ユーザ企業名，クレーム部門／者）
2) 対象システムの識別情報（製品名称・番号／バージョン番号等）
3) 不具合の内容（種別，発生日時，発生場所，事象の詳細記述）

4)　ユーザ業務への影響（緊急対処の要否を含む）
　②　問題の切り分け
　窓口部門は，対策の対応の仕方を決めるために，必要に応じて保守部門の応援を受けながら，問題の切り分けを行う．問題の切り分けでは，まず，クレームの種類が，直ちに対応する必要のない要望か，何らかの対応が必要となるかを判断する．苦情の場合には，不具合情報を管理するシステムを使い，すでに対応済，あるいは対策中の問題かどうかを確認する．新しい苦情の場合，単にユーザの取り扱い誤りによるものか，製品の不良か（ハードウェアの故障かソフトウェアの不良か，さらに大まかの部位はどこか）を切り分ける．また，ユーザ業務への影響が大きく，応急措置が必要なもの，対応を早くするものを決める．
　問題の切り分けは，ユーザへの効果的な対応やメーカ全体としての効率的な対処のため重要である．
　③　対策
　窓口担当部門は，②で切り分けた情報に基づき，対処を行う．まずユーザの業務への影響を軽減することが重要になるので，緊急度の高いものは完全な修正を待たずに，応急の対策をユーザに提供する．すでに対応済の苦情の場合，対応済の版をリリースし効果を確認することで対応を完了する．単にユーザの取り扱い誤りの場合は，操作ミスの軽減方法，操作ミス時の対処の方法などの情報を提供することで対処する．大きくはシステムの使用性の問題と考えることもできるので，将来の要対処事項として記録する．
　窓口部門は，製品の不良と判断された苦情について，切り分けられた部位に従い保守担当部門へ不具合対応依頼を出す．窓口部門は，保守担当部門の対応をフォローする．
　④　原因分析・対処方法の決定
　保守担当部門は，不具合の情報から不具合の原因となる欠陥の位置を絞り込んでいく．その際，不具合連絡票に記述された不具合の内容の他に，ユーザサイトの運用ログやシステムログなども利用する．同じ不具合の状況をメーカ内の環境で再現できるかが重要なポイントである．
　欠陥を識別できたなら，その修正案を検討し選択する．修正の不

具合対応としての適切さ，修正とそれによって影響を受けるソフトウェアの範囲によって決まる修正とテストのコストの間のバランスで修正案を決定する．

　⑤　修正・確認

保守担当部門は，④で決定した修正内容を実装し，不具合が修正されていること，修正による既存の機能・性能への悪影響がないことをレビュー，テストにより確認する．ドキュメントへの反映も合わせて実施する．修正版をクレーム対応窓口部門へ展開するとともに，不具合修正票として以下の情報を記録する．

　　1)　不具合の内容（不具合連絡票の ID）
　　2)　原因部位（サブシステム名，コンポーネント名，関数名）
　　3)　欠陥の原因と種別（仕様実装漏れ，インタフェース誤り等）
　　4)　修正内容と確認事項
　　5)　修正バージョン番号

　⑥　修正のリリース

窓口担当部門は，修正版が正しい構成であるか，修正内容と確認事項が正しい不具合対処となっていることを確認し，ユーザへ展開する．ユーザ運用環境で問題なく動作することを確認し，クレーム処理を完了する．対処内容を，不具合情報管理システムに記録し，クローズする．

　⑦　再発防止（予防）

保守担当部門は，不具合対処後，複数の不具合修理票のデータを使い，不具合の傾向を分析し，再発防止策を考える．市場へ流出した欠陥の情報は，改善のためのよい入力となる．例えば，仕様実装漏れは，設計におけるレビューやテストの方法に問題があることに暗示する．こうした開発プロセス上の問題を修正することで，再発防止策にする．

## 3. 保守作業の課題と解決アプローチ

ソフトウェア開発における保守作業手順は，一般に，①ユーザからの不具合の報告とその受領，②報告の分析と修正のための計画，③修正，④再リリースという手順をとる．しかし，その作業内容は，受注ソフトウェアとパッケージソフトウェアとでは大きく異な

る.

　受注ソフトウェアは，特定ユーザの利用を目的にしたものであり，契約上あるいは信用確保上，手厚い保守を行う必要があるのに対して，パッケージソフトは，不特定多数の利用を目的としたものであり，実際には，報告される不具合が軽微であったり不具合間で重複があったりすることが多いため，内容の精査と優先順位付けを行い，修正と再リリースを計画する必要がある.

　さて，ソフトウェア保守において，ある欠陥を修正すると別の欠陥を埋め込んでしまうことが多い．この多くは，保守者がプログラムの構造をよく理解しないで修正を行うために起こる．これを防ぐためには，修正したモジュールのみでなく，関係するモジュールを一通りテストすること（回帰テスト）が大切である．回帰テストを効率よく行うためには，設計時におけるテスト容易性の確保，およびテストケースとデータの蓄積が非常に重要である.

　平均的なシステムでは，ソフトウェアサイクルの中で55～60％をソフトウェアのテストと保守に費やしているといわれている．ソフトウェアサイクルの中で，全体として5％の部分にしか変更が加えられていないにも関わらず，この5％を変更するために，95％以上の開発費用を投資している場合がある.

　保守はもはや，製品開発のライフサイクルの一部となりつつある．そのため，ライフサイクル全体を考慮した品質管理・テストの仕組みが重要である.

## 演習問題

**問1**　テストの効率を上げるための技法にはどのような種類があるか.

**問2**　テスト戦略を立てるときの考慮事項は何か.

**問3**　図6.7で，音量UP/DOWNボタンを使うように仕様を追加したとすると，同値分割，限界値分析，状態ベース仕様に基づくテストケース設計の各技法で，どうなるか試してみよ.

**問4**　信頼性成長曲線を信頼性評価に使うための前提条件をまとめよ.

**問5**　保守容易性を確保するための方策についてまとめよ.

# 第7章

# オブジェクト指向

　オブジェクト指向の応用は，分析・設計・プログラミングのための方法論，プログラミング言語，データベース，通信，ユーザインタフェースなど広範囲の分野にわたる．

　この章では，オブジェクト指向の考え方とその応用を，分析・設計・プログラミングの面から解説する．

## 7.1　オブジェクト指向とは

### 1. 歴史的流れ

　オブジェクト指向とは，もの（**オブジェクト**）を中心としてモデル化する考え方，あるいはその考え方に基づくシステム構成法を指す．オブジェクト指向はソフトウェア開発において高い作業効率性や再利用性を達成するための技術として，すでに活用されており，さらにプログラム自動生成や自動検証を実現する基盤技術としても期待されている．

　オブジェクト指向に至るまでの流れには，いくつかのものが存在した．まず，実世界モデリングの流れである．最初は，シミュレーション言語の分野であった．SIMULAに代表されるシミュレーション言語は，1960年代より実世界の「もの」を写し取るための言

語機能を求めて発展してきた．Smalltalk は，この流れの中心に位置づけることができる．1970〜80 年代になると，ものを中心に実世界をモデル化する記述法に関心が集まった．人工知能の分野におけるフレーム理論や，初期のオブジェクト指向分析法などがこれにあたる．

もう1つは，プログラム構成法としての流れである．プログラム構成法として，長らく機能中心のモジュール分割法（構造化設計）が用いられてきた．しかし，この方法が，過度に機能自体の構造を反映するアーキテクチャへと導き，システムの保守性を欠くモジュール構造を作り出してしまったという反省があった．こうした反省の中で，オブジェクト指向は**情報隠蔽**の最良の形式として発展してきたのである．

これらの流れは統合され，より使いやすいプログラミング言語（Java）と通信プロトコル（CORBA），より精緻なモデル記述言語（UML）と分析設計法，さらにはプログラム生成や自動検証の技術へと発展し続けている．このような発展は，オブジェクト指向技術に関する国際的な標準化を行うグループである OMG* を中心に行われるようになっている．

OMG：Object Management Group

## 2. 基本概念

オブジェクト指向の基本構成要素は，オブジェクトとメッセージである．オブジェクト指向は，オブジェクトを唯一の存在とし，す

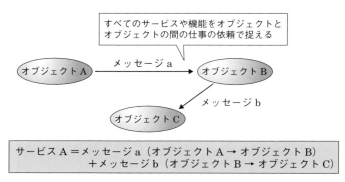

図 7.1　オブジェクトによる世界の表現

## 7.1 オブジェクト指向とは

べての出来事をオブジェクト同士がメッセージを送り合うことにより表現する考え方である．ここで，**オブジェクト**は実在するものや概念であり，**メッセージ**はオブジェクト間の情報のやり取りや仕事の依頼である．オブジェクトは，メッセージを受けられるように，識別[*1]を持ち，受信可能なメッセージ形式[*2]が定義されている．図7.1は，オブジェクト指向での世界表現のイメージを示す．

*1 識別：アイデンティティ

*2 これをメッセージインタフェースと呼ぶ．

オブジェクト指向は，プログラミング言語Smalltalk-80の中で純粋かつ精緻な形で実現され，その3つの言語機構であるカプセル化，継承，ポリモルフィズムは，ソフトウェアの保守性と再利用性を飛躍的に向上させるものとして注目された．やがて，これらはモデリング手法としても，オブジェクト指向の主要概念として取り扱われるようになった．以下に，3つの主要概念を説明する．

**(a) カプセル化**

カプセル化とは，オブジェクトのふるまいを，それを起動するメッセージインタフェース（仕様）とそれが果たす機能の実現（実装）とに分け，実装を隠すことである．カプセル化は，設計・プログラミングにおける抽象データ型に相当し，オブジェクトのモジュール性を向上する機構である．

図7.2にカプセル化の概念を示す．例えるならば，オブジェクトは，メッセージインタフェースという堅い殻に守られた卵のようなものである．外の世界からは殻しか見えず，殻が変化しなければ，中味（データと機能）に変化があっても外の世界は何の影響も受けない．

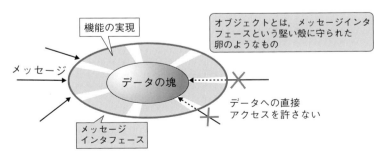

図7.2　カプセル化

*ここでいう特性とは，メッセージインタフェースと機能，保有するデータの形式の記述を指す．

クラスとインスタンスは，オブジェクト指向におけるカプセル化を実現するための手段である．**クラス**とは，同じ特性\*を持つオブジェクトのグループの記述である．例えば，「時計とは，現在時刻を持ち時刻設定ができるものである」という記述がクラスである．**インスタンス**とは，クラスに対して実在するオブジェクトを意味する．例えば，「私の腕時計」はインスタンスであり，固有のデータとして現在時刻 $x$ 時 $y$ 分 $z$ 秒を持っている．クラスは，インスタンスを作り出すための雛形に相当する．クラスからインスタンスが作られるとき，**具象化**されるという．

具象化：
instantiation

### (b) 継　承

継承とはクラス間の関係で，単純で抽象的なクラスの特性を，より複雑で具体的なクラスにそのまま引き継ぐことを表す．継承は，モデリングにおける汎化および特殊化の操作に対応する．**汎化**とは同じ性質を持つクラスを抽象クラスに統合することであり，**特殊化**はその逆の関係である．

図7.3を用いてこの関係を説明する．飛行機と飛行船は，翼の有無という相違点はあるが，同じように空を飛ぶものである．例えば，航空管制を目的としたモデリングでは，これらをまとめて「飛行物体」と呼べば便利である．これが汎化に相当する．これに対して，航空会社の運行する飛行機を，個人のセスナから区別するために「旅客機」と呼ぶ場合もある．これが特殊化に相当する．継承は，この2種類の関係を表現する手段である．すなわち，飛行機と飛行船は飛行物と，セスナと旅客機は飛行機と継承関係にあるという．

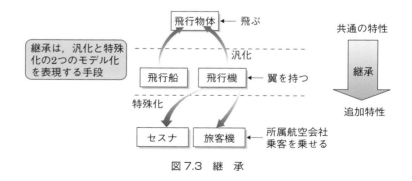

図7.3　継　承

継承関係にあるオブジェクト間では，親オブジェクトの特性とふるまいはすべて，子孫オブジェクトに継承される．継承は，モデル化をシンプルに表現するための強力な手段である．

**(c) ポリモルフィズム**

ポリモルフィズムは，本来，型のあるプログラミング言語において，型に束縛されずにアルゴリズムを再利用するための言語理論的な機構を指す言葉である．オブジェクト指向では，ポリモルフィズムはメッセージ送信において受信側のオブジェクトが動作を決定することを指す．この状態では，メッセージ送信側のオブジェクトが，受信者が何者であるかを（深く）知らなくてよく，送信側の受信側に対する依存性が減る．ポリモルフィズムは，多種多様なオブジェクトを構成要素として保持するようなオブジェクト*の再利用性を高める効果を持つ．

*これをコンテナオブジェクトと呼ぶ．

図7.4を用いてこの概念を説明する．デスクトップに，メモ帳，ハサミ，鉛筆というオブジェクトがあるとしよう．これらが同じ"DoIt"というメッセージインタフェースを共有し，それぞれは同じ"DoIt"メッセージに対して，メモ帳はメモを開く，はさみはファイルを分割するなど異なる動きを持っている．この状態をポリモルフィックであると呼ぶ．

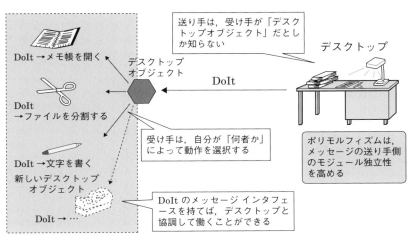

図7.4 ポリモルフィズムの概念

コンテナオブジェクトであるデスクトップは，その構成要素であるデスクトップオブジェクトについて"DoIt"というメッセージインタフェースがあることだけを知っていればよい．新しいデスクトップオブジェクトとして「セロハンテープ」が追加されても，デスクトップは何の影響も受けない．

ポリモルフィズムを実現するためには，メッセージによって呼び出される機能が動的に決まらなければならない．C++のようなコンパイル型のオブジェクト指向言語では，**動的バインディング**と呼ばれる動的な関数呼出し決定機構を用いて，ポリモルフィズムを実現している．

## 3. オブジェクト指向によるもの作り

今まで見てきたように，オブジェクト指向は，オブジェクト中心に対象世界をモデリングする考え方と，それによってもたらされる高い保守性・再利用性の2つに大きな特長がある．しかし，これらの特長は，オブジェクト指向を単にプログラミング段階でのみ適用したのでは，得ることが難しい．なぜなら，開発システムの保守性と再利用性はその問題領域の性質に強く依存し，そのための良いクラス設計は，上流過程である分析と設計段階において深く考慮されなければならないからである．

図7.5に，オブジェクト指向によるシステム開発の流れを示す．基本的には，オブジェクト中心のモデリング手法を開発の全体で一

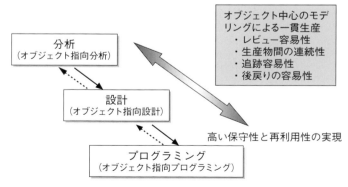

図 7.5　オブジェクト指向によるシステム開発

貫して用いることによって，以下の利点が生まれてくるのである．

① モデリングの統一化・標準化により，複数の開発者間での分析・設計におけるレビューが容易になる．
② 仕様書などの中間生産物とプログラムとの間の連続性が確保されることにより，要求や設計事項の追跡がスムーズになり，開発が進んでからの仕様変更などの後戻りが比較的容易になる．
③ オブジェクト指向分析・設計の結果が，オブジェクト指向言語による良いクラス設計へとつながり，ソフトウェアの再利用性と保守性を高めることになる．

　分析，設計，プログラミングのそれぞれの開発段階で，従来からの機能中心の構造化手法による開発とは異なったオブジェクト指向特有のアプローチと技法がある．以下の節では，これらを順に解説していく．

## 7.2 オブジェクト指向分析

### 1. 分析の目的とオブジェクト指向分析

オブジェクト指向分析（OOA）：Object Oriented Analysis

　要求分析とは，ユーザ要求，すなわちこれから作成するソフトウェアがどうあるべきかを，ユーザから獲得・表現・妥当性確認する工程である．図7.6に示すように，分析には問題領域を理解することと問題の解を仕様化することの2つの役割がある．

問題領域を理解する　実世界をそのまま記述
　　　　　　　　　・対象物と対象物間の関係
　　　　　　　　　・全体としてのふるまい
　　　　　　　　　・制約事項

問題の解を仕様化する　ユーザが望むシステムを記述
　　　　　　　　　　・システムの入出力
　　　　　　　　　　・タイミング
　　　　　　　　　　・ユーザインタフェース

図7.6　分析の2つの役割

問題領域を理解するとは，実世界の対象物とそれらの関係を理解し，ユーザが望むシステムのふるまいとは何かを把握し，それらを実現するうえでの制約を明らかにすることである．そこで使われるモデルは，ユーザと分析者が円滑に仕様を打ち合わせるための媒体でなければならない．

　問題の解を仕様化するとは，ユーザが望むものを厳密な要求仕様としてまとめ，設計者に引き渡すことである．これには，システムの入出力，刺激-応答のタイミング，ユーザインタフェースなどが含まれる．そこで使われるモデルは，設計者の誤解を招かない厳格さが必要である．

　オブジェクト指向分析は，要求分析にオブジェクト指向のモデリングを適用することで，問題の理解と解の仕様化をスムーズに行うことを狙ったものである．

　オブジェクト指向のモデリングは，実世界との対応関係がつきやすい「もの（オブジェクト）」を中心にシステム機能を記述するため，ユーザ要求を素直に表現しやすいこと，それによってユーザとのコミュニケーションを高まることなど，問題の理解に役立つ性質を持っている．また，後述のように，データ，機能，ふるまいなど種々の分析視点に立つ抽象化記法のための図法を提供してくれること，仕様を形式的に記述できることにより仕様の誤り，抜け，矛盾を見つけやすいことなど，問題の仕様化にとって有利な点も持っている．

## 2. UML 記法

UML：
Unified Modeling
Language

　ここでは，オブジェクト指向の統一記法である UML を用いて，オブジェクト指向によるモデリングを説明する．

　UML では，主に以下の 4 つの図法を用いてシステムの要求仕様を記述する．

① **クラス図**　システムをデータの視点から記述する図法．システムが扱う情報構造を表す．他のモデルを統合する中心的なモデルである．

② **ユースケース図とユースケース記述**　ユーザの視点から，システムの提供するサービスを明確にする図法，および個々の

サービスの機能的な流れを記述する記述法．システムの使用イメージを表現する．

③ **シーケンス図**\*　ユースケースがオブジェクトのメッセージのやり取りによってどのように達成されるかを示す図法．

④ **ステートマシン図**\*　システムをふるまいの視点から記述する図法．個々のオブジェクトが状態機械としてモデリングされる．エンジニアリング系のシステムでは，システムのふるまいをコンパクトかつエレガントに表すことができる．

ここでは，UMLで特に重要なクラス図，ユースケース，シーケンス図について説明する．

\*UMLには，同じ目的をもつ別の記法としてコラボレーション図がある．

\*ステートマシン図は，第3章で示した状態遷移図をオブジェクト指向で利用できるカスタマイズをしたものである．詳しくは文献4)を参照．

## 3. クラス図

### (a) クラス，属性，操作

**クラス**とは，同じ属性，操作を持つインスタンスのグループの記述である．以後，特に断わらない限り，オブジェクトはインスタンスと同義として用いる．**属性**とは，クラスに属する各オブジェクトによって保持されるデータである．例えば，クラス「車」に対する「色」「重量」「年式」などは属性である．**操作**は，あるクラスに属するオブジェクトが持つ機能であり，そのクラスのインスタンスが他からどのように使われるかを定めるメッセージインタフェースでもある．**メソッド**は，操作を具体的に実装したものである．

日本語で書かれた要求記述の中から，上記の3つの要素を抽出しようとすると，クラスと属性は名詞，操作は動詞として現れることが多いが，特に次のようなことに注意する必要がある．

① クラスと属性は相互に混同されることが多い．クラスは値が同じでも異なるものとして認識されるという意味でアイデンティティを持ち，属性はそうでないといわれるが，区別はそれほど厳格ではない．

② 名詞では同じものを異なる単語で表す傾向がある．例えば，同じ「データベース」を表すのに，リポジトリ（同義語），DB（異なる表記），データ蓄積・検索庫（機能的な記述）を使う場合などがある．

③ 動詞では，意味的に曖昧な単語を用いるケースが多い．動詞

として現れる操作名では，例えば次のようなものに注意が必要である．

- **意味的に複数の機能を統合するような動詞**
    例）処理する，管理する
- **意味的に異なる操作を同じ名前で呼ぶもの**
    例）描画色を反転する（色属性を光学的に補色にする）
    　　図形を反転する（幾何学的に垂直線に対して鏡像をとる）

クラスの記法と例を図7.7に示す．図において，クラスは3つのフィールドを持った四角で表す．第1フィールドには，クラス名を書く．第2フィールドには，そのクラスの持つ属性を並べて書く．各属性は，値域を示すための型と，インスタンス生成時にデフォルト値を選択的に記述できる．この属性の型やデフォルト値などは，分析時にはあまり記述しない．第3フィールドには，そのクラスの操作を並べて書く．引数リストと戻り値の型も指定できる．分析時には戻り値の型はあまり記述しないことが多い．

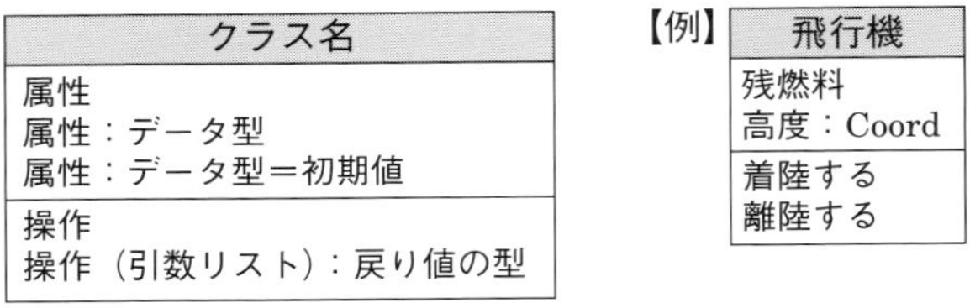

図7.7　クラスの記法と例

#### (b) 関連，役割，多重度

関連：association
関係：relationship

**関連**は，オブジェクト間の関係をクラスレベルで表現したものである．例えば，2つのクラス「車」と「人」との間に「運転する」という関連があるとすれば，車Aと人Bは，その間に関係「運転する」を持つことができる．オブジェクト間の関係は，一方のオブジェクトからもう一方のオブジェクトへメッセージを送る通路と考えることもできる．

役割：role

**役割**とは，関連を持つ2つのクラス間で，片方からもう片方を見たときの呼び名である．例えば，車から見て「運転する人」は「ドライバ」という役割を持つ．

多重度：cardinality

**多重度**とは，関連を持つ2つのクラス間で，片方のインスタンス

1つに対するもう一方のインスタンスの数に対する制約である．例えば，車からみて，「ドライバ（人）は厳密に1人である」，あるいは「乗客（人）は3人まで可能」などがある．ただし，分析の最初の段階では，あまり多重度を厳密に設定するべきではない．

関連，役割，多重度の記法と例を図7.8に示す．関連は，そのクラス間を結ぶ線で表す．図において，クラス1から見たクラス2の役割は，クラス2側（図では役割2）に記述する．役割名2つと関連名は必須ではないが，まったくラベルのない関連は，可読性を損なうので何か書いておくべきである．図7.8の右側に先述の例を記述したものを示す．

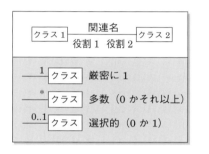

図 7.8　関連，役割，多重度の記法と例

**(c) 集　約**

集約：
aggregation

**集約**は，部品を表すクラスと，それを用いて組み立てられるクラスを対応付ける関連である．集約は関連の特殊なものである．集約の特徴は，組立クラス側の特性（属性，操作）が何らかの形で伝搬する場合に用いる．例えば，図7.9の2つの例は集約と考えてよい．

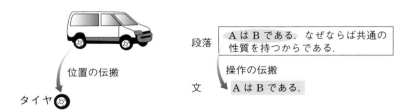

図 7.9　集約関連と2種類の性質の伝搬

・段落の移動・削除は，段落を構成する文の移動・削除を意味する
・車のタイヤの位置は車の位置に依存する

集約は，組立側インスタンスから部品側インスタンスへの生成削除効果の伝搬，あるいはデータアクセスの排他制御の伝搬という強い意味で用いる場合もある．しかし，分析の初期から，集約か単なる関連かを悩む必要はない．悩んだら単なる関連にしておき，モデリング上の必要に応じて集約にするかどうかを判断することを薦める．

集約の記法と例を図 7.10 に示す．集約の記法は，関連とほとんど同じである．違いは，組立側にダイヤの印を書くこと，関連名を書かないこと，組立側に役割名を書かないことである．

図 7.10 集約関連の記法と例

### (d) 継 承

継承：inheritance

7.1 節にも述べたように，継承は，2つのモデル化技法である汎化と特殊化を表現する手段である．**汎化**は，複数のクラスに共通の特性を持ったクラスを作ることである．**特殊化**は汎化の逆で，属性や操作の追加や，属性間制約の追加を行うために，新たにクラスをその子クラスとして作ることである．

関連がインスタンス間で設定可能な関係のクラスレベルの記述であるのに対し，継承は純粋にクラス間の関係である．継承関係を持つクラスの間では，親クラスの属性と操作および関連は，すべて子クラスに継承される．

また，特殊化の方法は，一通りではないことに注意する必要がある．人を例にとれば，男／女，大人／子供のように，直交する特殊化も可能である．多重継承はなるべく避け，主要でない特殊化は性別，年齢などの属性を設けることによって表現すべきである．

継承の記法と例を図 7.11 に示す．哺乳類の例を素直にモデル化すると，哺乳類には，操作として「体温を保つ」と，集約関連とし

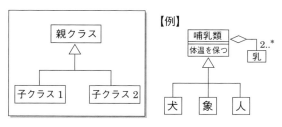

図 7.11　継承関連の記法と例

て「乳」を持たせる．これらは，犬，象，人に継承される．

### 4. ユースケース図とユースケース記述

*これをアクタと呼ぶ．7.2節6項参照．

**ユースケース**とは，システムが外部のユーザや外部システム*に提供するサービスのことである．

クラス図が，システムの静的な側面あるいはデータの側面を記述する図法であるのに対して，ユースケース図は，ユーザから見たシステムの利用の仕方を記述するための記法である．

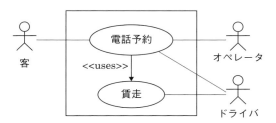

図 7.12　ユースケース図の例

図 7.12 は「タクシー電話予約システム」のサービスを記述した**ユースケース図**である．図で，客，オペレータ，ドライバがアクタ，電話予約と賃走がユースケースである．ユースケース同士にも関係があり，電話予約は賃走を利用している．

**ユースケース記述**は，ユースケース毎に，アクタが発するイベントを契機として始まるサービスを，アクタとシステムとの間のやりとりとして，自然言語で記述したものである．

図 7.13 にユースケース記述の例を示す．図において記述すべき事項は，ユースケース名，ユースケースを駆動するアクタ，前提条

```
名　　前：電話予約
概　　要：客が配車センターに電話し，タクシーを予約する
アクタ：客，オペレータ，ドライバ
前提条件：
記　　述：客が配車センタに電話をし，タクシーを予約する．このと
き，オペレータは客から名前と現在位置および目的地を聞く．オペレ
ータは，この情報を端末に打ち込む．情報が打ち込まれると，タクシ
ーの中から優先順位決定アルゴリズムによって決定した優先順位の高
いタクシーから順に，予約を受け付けるかどうかを問い合わせる．問
合せを行うと，簡易端末に客の名前と目的地が表示される．タクシー
のドライバは，その予約を受ける場合には了解ボタンを，そうでない
場合には拒絶ボタンを押す．10秒以上応答がない場合には，拒絶と
みなされる．了解の場合には，予約が確定する．拒絶の場合には，次
に優先順位の高いタクシーを選択し，問合せを進める．これは，了
解となるまで続けられる．
　予約が確定すると，タクシーは流し中ならば直ちに客の現在位置へ
向かう．そうでない場合には，先に確定している客を目的地に連れて
行った後に，客の現在位置に向かう．本人であることを確認したあと
で客を乗せ，以後「賃走」に移る．
例　　外：了解するタクシーがない場合には，その旨を客に告げ，予
約を消去する．
事後条件：
```

図7.13　ユースケース記述の例

件と事後条件，利用手順に相当する記述と，利用手順における例外的な出来事の記述からなる．

　ユースケース記述は，システム内外のオブジェクトがどのように仕事を行っていくかを記述している．したがって，ユースケースに現れるオブジェクトのクラスは，クラス図にも存在しなければならない．

## 5. シーケンス図

　シーケンス図は，1つのユースケースに関する1つのシナリオを，オブジェクト間のメッセージのやり取りによって表現する図法である．シーケンス図では，このオブジェクト間のやり取りを時間軸に沿って記述することで，システムの動的な側面を表現する．シーケンス図は，ユースケース記述と同様に，アクタからのメッセージを契機として，開始してからシステムの応答が一通り完了するまでを記述したものである．

ユースケース記述が，あるアクタからのメッセージを契機とするシステムの応答のすべてを記述するのに対して，シーケンス図はシステムが実行される一例だけを記述する．シーケンス図は，ユースケース記述を基にして作成することができる．

シーケンス図では，次のようなモデリング上の抽象化を行っている．

① メッセージは，ある時刻に瞬時に起こる．
② 絶対時刻ではなく，メッセージの生起順序が重要である．

図7.14は，前述のユースケース記述から作成した1つのシーケンス図である．このシナリオは，客が電話予約メッセージをオペレータに送ることからスタートし，第1候補のタクシーが応答せず，第2候補のタクシー2のドライバが了承して，呼出しが完了するまでを表現している．必要ならば時間的な制約事項を書き加えることで，シナリオの流れをよく理解することができる．

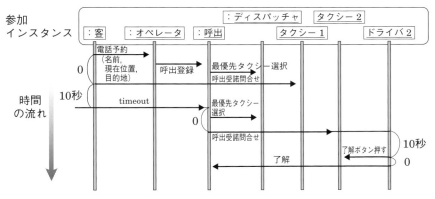

図7.14 シーケンス図の例

## 6. オブジェクト類型化

オブジェクト指向分析を行ううえで，オブジェクトの見つけ方が最も難しく，分析そのものの良し悪しがそこに集約されるといわれている．これは，概念の抽象化の方法には複数の選択肢があり，その良し悪しの判断に個人差が現れやすいことに理由がある．

オブジェクトを見つけるための指針として，Coad-Yourdonや

Rumbaughは，自然言語で書かれた問題文をその文法的構造に注目し分析していく方法を推奨している．

- オブジェクトとは，そのアプリケーション領域で意味のあるものであり，物理的実体（家，従業員，機械）と概念的実体（軌道，座席予約，支払計画）のどちらかである．
- オブジェクトの見つけ方としては，問題文に含まれるすべての名詞を候補とし，ルールによって削除する．ルールとしては，「実装上の要素，例えばサブルーチン，線形リストなどは避ける」などがある．
- 問題がないときでも，問題文を書くことからスタートする．

この方法は汎用的である一方，できあがるモデルの姿は最初の問題文記述の良し悪しに依存してしまうこと，適用すべきルールはモデリング目的に強く依存するため，一様なルールの設定が困難であることなどから，実際の適用は，記述されているように簡単にはいかない．

オブジェクトを類型化することで，オブジェクトか否かのルールが明確になるため，オブジェクトはずっと見つけやすくなる．ここでは，Jacobsonの類型化方法を基本においたエンジニアリング系オブジェクトの見つけ方について説明する．この類型化では，オブジェクトをアクタ，端末，監視・制御対象，情報の塊，コントローラの順で探すことを推奨している．

### (a) アクタ

アクタは，システムが動作をはじめる最初のイベントを起こす役割を持ったオブジェクトである．アクタは，システムの制御対象ではないので属性を持たない．

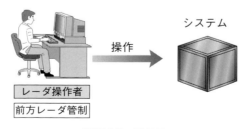

図7.15 アクタ

アクタは，システムに外からイベントを与えるものであり，システム内部の情報モデルではないことに注意する．例えば，レーダ管制システムの場合には，図 7.15 に示すように，レーダ操作者がアクタとなる．

**(b) 端　末**

分析段階では，アクタがシステムと情報のやり取りを行う端末も，分析段階ではオブジェクトとする．端末オブジェクトあるいはインタフェースオブジェクトは，Model-View-Controller（MVC）モデルにおける View と Controller オブジェクトに相当し，表示・操作モードなどを表現するための独立したオブジェクトである．ここで，MVC モデルは，Smalltalk でのグラフィカルユーザインタフェース（GUI）設計に用いられた概念で，現在のほとんどの GUI システムはこの考え方に基づいて作られている．Model は問題領域を表現するオブジェクト群，View は問題領域のオブジェクトをウィンドウ上でどう表示するかを決定するオブジェクト群，Controller はユーザの入力を問題領域へ伝えるオブジェクト群である．図 7.16 にタクシー電話予約システムの例における端末オブジェクトを示す．

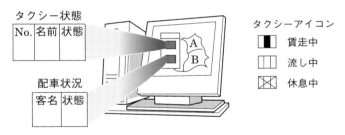

図 7.16　端末オブジェクト

**(c) 監視・制御対象**

エンジニアリング系システムは，自然界や周辺機器などを**監視・制御**する．監視・制御対象オブジェクトは，監視・制御すべき実世界オブジェクトをその目的に合わせて抽象化したものである．図 7.17 に示すように，監視・制御対象オブジェクトは，実世界からの測定データを自らの状態として蓄え，システムからの情報アクセスを容易にすると同時に，システムからの制御メッセージを実世界へ

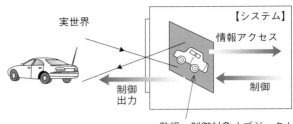

図 7.17 監視・制御対象オブジェクト

の制御信号へと変換する役割を担うため，実世界に対するシステム抽象インタフェースと考えることもできる．

**(d) 情報の塊**

分析において，姿形はないが，概念あるいは社会的実体として認識される名詞が多く存在する．これらは，その名詞が表す概念に関連する情報の集合からなっているため，**情報の塊**と呼ぶことにする．情報の塊には，情報系システムにおける銀行口座や契約，伝送路管理システムにおいて伝送路と終端点その上位下位関係を表す伝送路構成，レーダ管制システムにおける航跡，通信システムにおけるパケットなどがある．これらは通常，モニタすべき対象として，オペレータ端末上になんらかの形で表示されていることが多い（図7.18）．

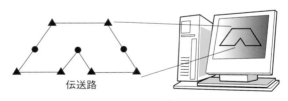

図 7.18 情報オブジェクト

また，情報の塊には，すでに適当な概念名が付いている場合が多い．例えば，受注管理システムでは「注文」という概念があり，発注先，製品，納期などのデータの集まりからなる．また，情報の塊は，データベースに格納されるべきデータレコードとして現れるケースも多い．

(e) コントローラ

オブジェクト指向分析では，システムが持つべき機能は，通常，オブジェクトの持つ操作として割り当てられる．しかし，機能の中には，上記のオブジェクトのどれにも自然に割り当てることができない場合がある．例えば，エレベータにおける群管理機能，コンパイラにおける最適化機能などがそれにあたる（図 7.19）．

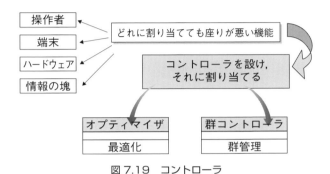

図 7.19 コントローラ

こうした機能に対しては，どこに割り当てようとあれこれ悩むより，その機能を果たすことを使命とするオブジェクトを新たに設けたほうがよい．これを，**コントローラ**あるいは**コントロールオブジェクト**と呼ぶこととする．機能のオブジェクト化は，その機能が使用する「情報の塊オブジェクト」のカプセル化を促進する効果があり，設計上有効な手段でもある．オブジェクト選択の基準は，抽象的な機能名であることで，上の例では群管理機能を行う「群コントローラ」，最適化機能を行う「オプティマイザ」などのオブジェクトが候補となる．

## 7. モデルの洗練化

オブジェクト指向分析では，クラス図の作成と，ふるまいを表す図法としてシーケンス図やステートマシン図の作成を交互に進める中で，段階的にブラシュアップしていく．このブラシュアップの過程では，例えば，すべてのシーケンス図がクラス中の操作呼出しで構成できるかどうかを調べることなど，モデル相互の整合性を満足することにばかり目が行き，モデルの良し悪しへの注意を忘れがち

である．クラス図それ自身，すなわちクラス階層と操作の割当て，オブジェクト間の関連などの良否をレビューし，洗練化していく必要がある．

CRC：
Class
Responsibility
Collaborator

ここでは，設計の良否の基準を提供する **CRC カード**と呼ばれるクラス図のレビュー法を紹介する．CRC カードは，クラス図に現れたクラスに対して，クラス名とその責任・役割が適合しているかどうか判断するためのツールである．

図 7.20 に示すように，CRC カードは各クラスに対して，クラス名，役割・責任，協力クラスを記述する．

① 役割・責任には，システムの中でそのクラスが果たすべき機能を記述する．これらは複数あってもよい．各役割・責任に対して協力クラスを記述する．協力クラスは，対応する役割・責任を果たすためにどのクラスと協力するかを記述する．

② 次の点に注意して，役割・責任がクラス名にふさわしいかどうかをレビューする．関係者で納得するまで議論するとよい．
  ・クラス名がハードウェアなどの実在オブジェクトに引きずられていないか．
  ・クラス名からその役割・責任が容易に想定できるか．
  ・役割同士で異質なものはないか．

そのうえで，もし問題があるようなら
  ・クラス名を役割・責任に近いものに変える．
  ・ふさわしくない役割を他のクラスに委譲する．これには，次の 2 つの方法がある．

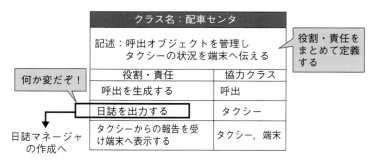

図 7.20　CRC カード

　　　　―協力クラスのどれかにわたす
　　　　―役割・責任を果たす新しいクラス（コントローラ）を作る
　　③　そのクラスの役割・責任を総括して，クラスの定義をする．
　図7.20の例では，配車センタの持つ操作「日誌を出力する」が記述の部分と合わないと考え，別のオブジェクト「日誌マネージャ」をおくこととしている．

## ■7.3　オブジェクト指向設計

### ▎1．設計の目的とオブジェクト指向設計

　設計の目的は，あくまでも開発すべきシステムの目的に適合したソフトウェアアーキテクチャの構築にある．設計は，種々の視点からバランスの取れたものでなければならない．それらの視点には，分析で定義した要求機能と性能の満足と，システム運用環境の特質の加味，将来の変更への柔軟性の確保などがある．

　オブジェクト指向設計は，オブジェクト指向分析と同じ記法を用いてはいるが，記述すべき仕様の表現のポイントが異なっており，分析からの単純な連続性はないものと考えたほうがよい．設計では，問題をいかに解決しているかを上記のような視点から表現する必要があるからである．

　オブジェクト指向設計は，ソフトウェアアーキテクチャの設計に対して統一的な手順を与えるものではなく，種々の設計上の問題とそのオブジェクト指向における解決策を示したパターンを与える．これらのパターンには，大きなレベルではフレームワークから，小さなレベルではイデオムまである．フレームワークは，プログラムの根幹となる制御構造そのものを部品とするライブラリ群である．イデオムは，特定の言語の特質を生かし有効な使い方を説明したものである．デザインパターンは，この中間の位置し，設計知識をより利用しやすい形で整理した汎用性の高いパターンである．

### ▎2．課題設定と初期モデリング

　本節と7.4節を通じて，次に示す機能を持った図形エディタを作

成してみる．

- 描画要素は，描画位置を持っており，移動，回転をすることができる．
- 描画要素には，楕円，折れ線，四角がある．
- エディタは，描画要素を保持している．ユーザは，エディタを用いて，描画要素の生成，選択した描画要素を移動，回転，削除することができる．
- 描画要素をまとめてグループ描画要素を作ることができ，他の描画要素を同じように扱うことができる．

図 7.21 に，図形エディタのウィンドウイメージを示す．

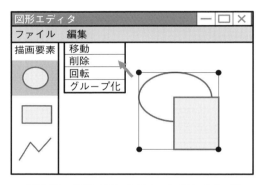

図 7.21 　図形エディタのウィンドウイメージ

　上記の問題に基づき，初期のモデルを作成する（図 7.22）．

　図 7.22 は，エディタに関する記述を四角，折れ線，楕円の汎化クラスとして描画要素を設け，属性として位置を継承し，さらに描画要素の「移動する」と「回転する」の 2 つの操作に関しては，インタフェースのみを継承するようにモデル化した．図中の {abstract} はそのための記法である．これは，エディタから見て描画要素のこれらの操作が，ポリモルフィックに見えるようにするために行った．さらに，複合描画要素を 1 つ以上の描画要素を保持し描画要素と同様の操作が行えるように定義した．

　これでとりあえず完成したが，まだいくつかの問題が残る．さて，ここで読者の方々は，先に読み進む前に，図 7.22 のモデルのどこに問題があるか考えてみてほしい．

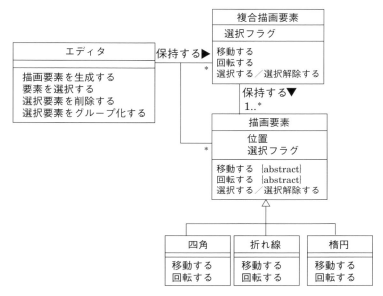

図 7.22　初期モデル

## ▌3. デザインパターンの利用

初期モデルは，以下の点によりまだ不満が残る．

① エディタから見て，複合描画要素と描画要素を分けて管理しなければならない．

② 複合描画要素を要素とする複合描画要素を構成できない．

デザインパターンは，与えられた設計上のさまざまな問題に対して適用可能なオブジェクト構成とインタラクション方法をまとめたものである．Gamma らが示した 23 個のパターンからこの問題点を解くためのパターンとして，composite パターンを見つけることができる．

**composite パターン**は，異種で再帰的なデータ構造を扱うための有用なパターンである．概念的な整理を目的としたデータ構造，例えば，ファイル構造，グループ化された図形などは，みなヘテロな木構造の例である．ファイル構造ではディレクトリ，グループ化された図形では複合図形が，異種の要素群を集合的に扱うためにグループノードとして導入されている（図 7.23）．

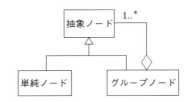

図 7.23 composite パターンの基本構造

　まず，抽象的なノードクラスを作成する．これにすべてのノードタイプで有効な抽象操作を定義しておく．例では，回転や移動が対応する．次に，抽象ノードから継承して，単純ノードとグループノードを作成する．例では，単純描画要素と複合描画要素が対応する．単純描画要素を継承して，具象クラスを作成する．例では，四角，楕円，折れ線などが対応する．グループノードは，抽象ノードを束ねるように集約関係をはる．

　これによって，グループノードは，単純ノードとグループノード自身を要素として持つことができ，再帰的なデータ構造をエレガントに表現することができる．また，単純ノードを継承して新しいタイプのクラスを作ることができる．

　Composite パターンを用いて，図 7.22 に示した初期モデルを修

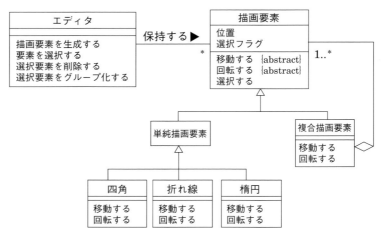

図 7.24 composite パターンを利用した修正モデル

正したものが図 7.24 である．これによって，先にあげた 2 つの問題が解決できる．

オブジェクト指向設計では，このように，種々の設計上の問題に対して，その解決策を示す既存のパターンを探して適用することで，より早く，より良い解を作り出すことを推奨している．

## 7.4 オブジェクト指向プログラミング

ここでは，オブジェクト指向の主要概念であるカプセル化，継承，ポリモルフィズムのC++プログラムでの表現方法について学ぶ．前節の設計結果として，図 7.24 を例にとりながら進める．

### 1. カプセル化

カプセル化は，型の強いプログラミング言語における抽象データ型と等価であるため，以後，カプセル化を抽象データ型と置き換えて説明する．抽象データ型は，データ型を仕様と実現とに分離する言語機構である．抽象データ型は，モジュール強度の中で最上ランクである情報強度を実現する．抽象データ型は，データ型を次の 4 つの部分に分ける．

① **仕様部**：データの使い方を定めたもの
 ・**構文**：操作のインタフェース（引数の型，戻り値の型）
 ・**意味**：操作の内容，どのような計算を行うか（自然言語，代数的定義など）
② **実現部**：内部機構
 ・**表現**：操作を実現するための内部データ構造
 ・**アルゴリズム**：操作の実現（内部データ構造を使う）

抽象データ型では，そのデータ型の使用者に対して，仕様部のみを公開にして実現部は公開しない．データ型の使用者は，仕様部のみを理解することで，そのデータ型を利用することができる．一方，データ型の開発者は，仕様部に示したデータ型の使用法を変えないかぎり，実現部の変更を自由に行うことができる．抽象データ型は，高品質で保守容易なソフトウェア部品を生み出すための基本

## 第7章 オブジェクト指向

表 7.1 抽象データ型とC++言語との対応関係

| 抽象データ型 | | C++言語との対応関係 |
|---|---|---|
| 仕様部 | 構文 | クラス宣言の公開部分（public宣言） |
| | 意味 | 特に機構はない（宣言部にコメントで書く程度）<br>＊メンバ関数定義で事前・事後条件の埋込みが可能 |
| 実現部 | 表現 | クラス宣言の非公開部分（protected宣言）<br>＊抽象データ型の考え方からいえば宣言中に存在してはならないが，「表現」の継承のため公開となっている |
| | アルゴリズム | メンバ関数定義（非公開） |

的な機構である．

　C++プログラムは，抽象データ型をclassと呼ばれる言語構成子で実現する．対応関係を表 7.1 に示す．なお，C++では，抽象データ型の面での言語サポートが不十分であるため，与えられたもので工夫する必要がある．

　C++プログラム例として，図 7.24 の設計結果の中から「エディタ」クラスを実装した例をリスト 7.1 に示す．

●リスト 7.1　エディタ（MyEditor）クラスの宣言部（myeditor.h）

```cpp
#include <list.h>
#include <algorithm.h>

class DrawObject;                              // 描画要素の空宣言
typedef double Coord;  // 座標系の型
typedef void ApplyFunc(DrawObject*, void*);    // 描画要素へ適用する関数の宣言

class MyEditor {                               // エディタクラス
  protected:                                   // 非公開部分
      list <DrawObject*> _objectList;          // 描画要素ポインタリスト

public:                                        // ここから下が公開部分
      MyEditor()                               // コンストラクタ
      ~MyEditor();                             // デストラクタ
  // メンバ関数
      void applySelectedObject(ApplyFunc,void*); // 選択要素に関数を適用する
      void deleteSelectedObject();             // 選択要素を削除する
      void selectAt(Coord x, Coord y);         // 選択する(指定位置)
      void unselectAll();                      // 全要素の選択を外す
      int numberOfSelectedObject();            // 選択されている要素数
};
```

リスト 7.1 で，"protected:" はこのクラスのサブクラスで利用可能であるが，このクラスを使用する側からは直接アクセスできないデータになる．コンストラクタとデストラクタはそれぞれエディタオブジェクトを生成／削除するための関数定義である．メンバ関数 selectAt の定義例をリスト 7.2 に示す．

●リスト7.2　エディタ（MyEditor）クラスの定義部（myeditor.c 内）

```
#include <assert.h>
#include "myeditor.h"
#include "mygraphics.h"                    // 描画要素の定義

void MyEditor::selectAt(Coord x, Coord y)
{
    unselectAll();                         // 全描画要素に対して選択をオフ
    list <DrawObject*>::iterator objItr;

    // 全描画要素をやめ，位置 (x,y) にある最初の要素を選択にする
    for(objItr=_objectList.begin();objItr !=_objectList.end();objItr++) {
    if(*objItr && (*objItr)->isIncluding (x,y)==true) {
            (*objItr)->select();           // 描画要素を選択する
            break;
            }
    }
    // 終了条件：選択されている要素は 0 または 1 個
        assert(numberOfSelectedObject()<=1);
}
```

メンバ関数の定義にあたっては，契約モデルを考慮するとよい．

**契約モデル**とは，モジュールの仕様をモジュールの使用者と提供者との合意に基づく契約として記述するものである．リスト 7.2 に示すように，契約は，事前条件と事後条件のペアで表現する．契約モデルの考え方を次に示す．

【事前条件】**あなたがこのような入力を渡してきたら**
　・このモジュールの使用者が守らなければならない約束
　・入力データに関する前提の記述

【事後条件】**私は必ずこのような出力を返す**
　・事前条件が満たされるとき，終了時に満たされているはずの約束

・出力に関する制約とオブジェクトの状態の記述

## 2. 継　承

継承は，抽象データ型の視点から考えると次の3つの側面を持つ．
・構文，つまりメンバ関数のインタフェースの再利用
・表現，つまりメンバ変数による内部データ構造の再利用
・アルゴリズム，つまりコードの再利用

C++では，クラスの継承を行うとこれら3つの継承が一度に行われる．C++は，意味の再利用を言語的にサポートしないので，継承するときはこれらの違いをよく見極めて使うことが望ましい．単なるコード再利用（差分プログラミング）は，できるだけ避けるべきである．良い継承かどうかを評価するには，次の2点に注意する．

① 自然な継承関係，つまり「AはBである」といえるもの．
② 既存クラスに対して，単純に属性と操作を付加しているだけもの．つまり，メンバ関数のオーバライドがないこと．

## 3. ポリモルフィズム

C++は，コンパイラ型のプログラミング言語であるので，通常呼び出す関数はコンパイル時に決定される．C++におけるポリモルフィズムは，親クラスで**仮想関数**宣言されたメンバ関数を，子孫クラスの中で（再）定義することで，具象クラスに応じて動的に呼び出すメンバ関数を変えることができる．リスト7.3に描画要素クラスのコード例を示す．また，リスト7.4に，具象クラスのコード例を示す．

●リスト7.3　描画クラス（抽象クラス）のコード例

```
class DrawObject {                       // 描画要素クラス
  protected:
      bool   _selected;                  // 選択フラグ
      Coord  _x;                         // 位置x座標
      Coord  _y;                         // 位置y座標
  public:
      DrawObject()            {_selected=false;}
      virtual ~DrawObject() {}
```

## 7.4 オブジェクト指向プログラミング

```cpp
        // 仮想メンバ関数
        //=0 はこのクラスでは定義せず，サブクラスで必ず定義すべきであることを示す
        virtual bool isIncluding(Coord x, Coord y)=0;  // 自分の領域の点かどうか
        virtual void move(Coord dx, Coord dy)=0;       // 移動する
        virtual void rotate(Deg)=0;                    // 回転する
        virtual void draw()=0;                         // 描画する

        bool isSelected()       {return _selected;}
        void select()           {_selected=true;}
        void unselect()         {_selected=false;}
};
```

● リスト 7.4　具象描画要素クラスの宣言

```cpp
// 単純描画クラス
class DrawSimpleObject : public DrawObject {    //DrawObject を継承
  public:
        DrawSimpleObject(Coord x = 0,Coord y= 0);
       ~DrawSimpleObject() {}
};

// 四角クラス
class DrawRectObject: public DrawSimpleObject { //DrawSimpleObject を継承
  protected:
        Coord _sizeX;
        Coord _sizeY;
        Deg   _d;
  public:
        DrawRectObject(Coord x=0, Coord y=0)
                {_sizeX=x; _sizeY=y; _d=0;}
       ~DrawRectObject()        {}
        bool isIncluding(Coord x, Coord y)
{return(x >= _x && x <= _x+_sizeX &&
    y >= _y && x <= _y+sizeY)? true: false;}
        void move(Coord dx,Coord dy) {_x+=dx;_y+=dy;}
        void rotate(Deg dc) {_d+=dc;}
        void draw();
};

// 複合描画要素クラス
class GroupDrawObject : public DrawObject {
protected:
        list <DrawObject*> _children;
```

```
public:
      GroupDrawObject(): DrawObject() {}
      ~GroupDrawObject();

      virtual bool isIncluding(Coord x, Coord y);
      virtual void move(Coord dx, Coord dy);
      virtual void rotate(Deg);
      virtual void draw();
void add(DrawObject*obj) {_children.push_back(obj);}
void remove(DrawObject*obj) {_children.remove(obj);}
};
```

　　　　GroupDrawObject の isIncluding メンバ関数について，その定義をリスト 7.5 に示す．MyEditor の selectAt 内で，MyEditor が管理する DrawObject のリストには，具象オブジェクト DrawRectObject や GroupDrawObject が要素として含まれている．このリスト中の DrawObject に対して呼ばれた isIncluding は，仮想関数宣言を持っているので，実際に呼ばれる関数はそれぞれの具象クラスで定義されたものである．GroupDrawObject の isIncluding メンバ関数は，上記のようにその配下の描画要素に isIncluding を起動しているだけである．

●リスト 7.5　グループ描画要素の定義

```
bool GroupDrawObject::isIncluding(Coord x)
{
    // 配下描画要素の中で指定ポイントが自分の領域であるものが
    //1つでもあれば真であると報告する
    list <DrawObject*> ::iterator objItr;
    for(objItr = _children.begin();objItr!=_children.end();
          objItr++)
          if(*objItr &&(*objItr)-> isIncluding(x) ==true)
                return true;
    return false;
}
```

## 7.5 もの作りにおける進化

　ここまで述べたオブジェクト指向が持つ特長は，大規模なソフトウェア開発に対しても大きなインパクトを与え続けてきている．ここでは，それらについて解説する．

### 1. オブジェクト指向によるマクロプロセス

　最初に，オブジェクト指向によるシステム開発で特に有望視されているマクロプロセスとして，ラウンドトリップ型開発，インクリメンタル開発を取りあげ，説明する．

　**ラウンドトリップ型開発**とは，分析，設計，プログラミングの各フェーズに明確な線引きをせずに，行きつ戻りつを繰り返す開発の形態である．**インクリメンタル開発**とは，システム全体を一括して開発するのではなく，システムのコア部分から段階的に構築していく開発形態である．

　**スパイラルモデル**は，これらの開発形態を管理プロセスとして基礎づけるマクロプロセスのモデルである．スパイラルモデルは，図7.25に示すように，解決すべきリスク，コスト，スケジュール，手段を含むサイクル計画，目的・対案・制約の決定，対案の評価，開発・検証の4段階を1サイクルとして，システム開発を数段階にわたって行うプロセスである．

　これらの開発形態は，従来のウォータフォール型の開発プロセスでは解決が困難な要求管理，あるいはアーキテクチャ設計上のリスクを早期に解決するために提案されたものである．

　スパイラルモデルの基本コンセプトは，より深刻なリスクはより早い段階で解決すること，システムのコア部分を開発し順次機能的な付加を行うこと，それによって低いコストで高いリスクを解決することである．

　ラウンドトリップ型・インクリメンタル開発を実現するうえで，オブジェクト指向がどのように貢献するのかを以下に示す．

　**(a) モデリング上の貢献**
　UMLに代表されるビジュアルなモデリング記法によって，分析

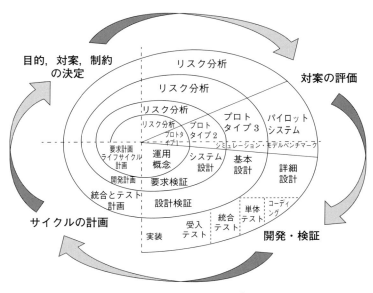

図 7.25 スパイラルモデル

と設計段階の生産物を顧客,分析者,プログラマが共有し,検証しやすくなっている.ユースケースは,ユーザとシステムとのインタラクションを明確に規定し,クラス図はシステムのアーキテクチャを明確にする.これによって,機能的な優先度,アーキテクチャ上のコア部分を見い出しやすくする効果を持っている.

**(b) システム構築上の貢献**

コンポーネントウェアやフレームワークなどのオブジェクト指向がもたらすシステム構築上の技術が,システムのインクリメンタルな開発を可能にしている.

## 2. フレームワーク

次に,オブジェクト指向がもたらすソフトウェア構築上の最大のメリットであるフレームワークについて説明する.

フレームワークとは,あるアプリケーション分野の基本構造と基本機能を持つプログラムライブラリのことである.再利用可能なコードをフレームワークにまとめることによって,新たなアプリケー

ションのために同じようなコードを改めて書かなくて済むようになるとともに，開発者がフレームワークを利用するための手順に沿うことで開発自体をミスなく効率的に行うことができる．これにより，設計とプログラムの大きな再利用につながる．以下，従来のライブラリを利用する再利用と，フレームワークを利用した再利用との違いを簡単に説明する．

従来から行われているライブラリを用いる再利用は，図7.26 に示すように，アプリケーションがインタフェース層を介してライブラリを呼び出す形態である．アプリケーションが制御の主体であり，必要なときに必要なライブラリを呼び出す．このとき，アプリケーションはライブラリが提供するデータ構造を使う必要があるため，利用にあたってはアプリケーションコード内で用いるデータ構造とライブラリが提供するデータ構造を合わせるために，インタフェース層を作成する必要がある．

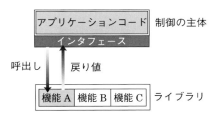

図 7.26　ライブラリによる再利用の形態

ライブラリは機能的モジュールの部品化であり，制御構造自体を部品化するものではないこと，部品の入出力データ構造も限定されることなどから，文字列処理や数学的関数群などのような汎用部品しか有効な再利用例はなかった．

これに対してフレームワークは，オブジェクト指向がもたらす言語機構である継承とポリモルフィズムを利用して，より柔軟で再利用性の高い2つのタイプのフレームワークを提供するものである．

**(a) 呼出し型フレームワーク**

呼出し型フレームワークは，ライブラリ利用と基本的には同じであるが，継承とポリモルフィズムを使うことで，呼び出す部品の拡張あるいは特殊化を行うことができる再利用形態である（図

7.27).また,このフレームワークのデータ型を継承することで,ホワイトボックス的に再利用することができる.**STL** は,この応用である.

STL：Standard Template Library

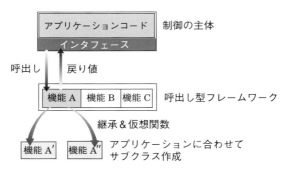

図 7.27　呼出し型フレームワークによる再利用の形態

### (b) 制御型フレームワーク

制御型フレームワークは,フレームワークが制御の主体となり,アプリケーションコードを呼び出すタイプの再利用形態である.アプリケーションコードが制御を得るのは,フレームワークがアプリケーションコードを呼び出したときだけである.Visual C++ などの GUI フレームワークは,このタイプのフレームワークの代表例である.

制御型フレームワークでは,個々のアプリケーションで特有なデータ構造ではなく,より抽象的なデータ構造を用いて,同一のアプリケーション分野のプログラムが持つ基本的な制御構造を実装できるので,ライブラリ利用より広範囲な再利用が可能である.

図 7.28 に制御型フレームワークによる再利用の形態について示す.制御型フレームワークは,アプリケーション開発そのものをフレームワークに適合させる必要があり,従来型の開発と管理に対して次のような大きな変化を要求する.

・アーキテクチャ設計の自由が狭まる
・フレームワークの選択と設計が非常に重要になる
・フレームワークの開発と習得教育への投資が増加する

しかし,制御型フレームワークの利用は,高い生産性と品質(再

利用率の向上による），ユーザインタフェースの統一，高い移植性と保守性を実現することで，非常に大きな付加価値を生むといわれている．

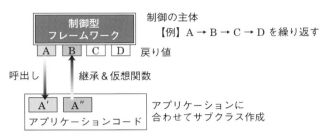

図 7.28　制御型フレームワークによる再利用の形態

## 3. オブジェクト指向適用上の課題

最後に，オブジェクト指向適用上の課題について説明する．

図 7.29 は，オブジェクト指向によるもの作りが，成熟した開発手法として開発現場に根付くために必要とされるさまざまな要求のうち，代表的なものを示している．

ソフトウェア開発は，単に分析，設計，プログラミングの流れだ

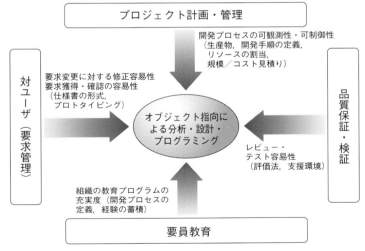

図 7.29　オブジェクト指向開発に求めれられるもの

けですむものではなく，プロジェクトの計画と管理，顧客との要求調整，外注管理，品質管理とテスト，要員教育などを含んだトータルな組織活動であるので，オブジェクト指向技術もこのような組織活動としての一貫性とバランスのとれたものでなければならない．

　図 7.29 で，矢印に付した事項が各開発側面からの要求であり，かっこ内がそのために整備されるべき発展途上の技術を表している．

### 演習問題

**問 1**　メッセージとメソッドの違いについて述べよ．

**問 2**　人と銀行および銀行口座の間の関係をクラス図で表してみよ．

**問 3**　銀行口座について，以下の内容をクラス図に表してみよ．
　　銀行口座は，預金残高をもち，預入，払出，残高照会，振込などができる．銀行口座には，普通預金と当座預金がある．普通預金は利率が設定されており利子加算が発生する．これに対して当座預金は利子がないが，小切手払出と手形払出ができる．

**問 4**　問題 2 の銀行口座に適用な操作を加え，CRC カードを記述してみよ．他人に説明してみてコメントをもらってみよう．

**問 5**　図 7.24 で，単純描画要素クラスを設けた理由を考えてみよ．

**問 6**　GroupDrawObject クラスのメンバ関数 Draw をコーディングせよ．

# 第8章

# ソフトウェア再利用

　この章では，ソフトウェアの生産性と品質を向上させるためのソフトウェア再利用の手法について述べる．

　まず最初にソフトウェア再利用の概要について述べ，その課題について説明する．ソフトウェア再利用は，以前に開発して使われたソフトウェアを修正して利用したり，標準的あるいは共通的なプログラム部品などを用いて効率的にソフトウェアを開発するものである．次に，これらのソフトウェア再利用手法について述べ，ソフトウェア再利用に必要となる組織体制や再利用支援環境などについて説明する．

## ■8.1　ソフトウェア再利用とは

　近年，既存ソフトウェアへの新しい機能の追加や既存機能の変更によりソフトウェア開発を行う「ソフトウェア再利用開発」が増大しており，ソフトウェア再利用の重要性が高まっている．

　ソフトウェアの再利用とは，以前に開発した成果を利用することにより，ソフトウェアを開発する手法のことである．具体的には，ソフトウェア開発に必要とされる知識，プログラムやデータをなんらかの形でパターン化，標準化，部品化することにより，繰返し利

用を可能にすることである．

再利用の対象としては，図8.1に示すように，プログラム（プログラム部品，フレームワーク，開発済応用プログラム，自作外プログラム），ドキュメント（設計書，テスト仕様書），開発環境（開発ツール，テストデータ）および開発プロセスがある．再利用による具体的な効果としては，図8.2に示すように，新たに作成しないことによる開発期間の短縮やコストの低減などの生産性向上や，すでに品質保証済みの部品を使うことによる信頼性の向上や保守性の向上などの品質向上があげられる．

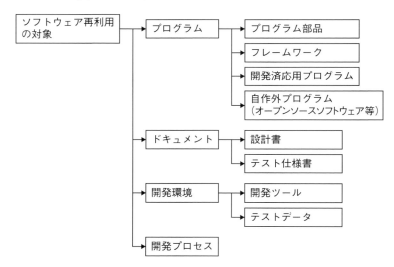

図8.1　ソフトウェア再利用の対象

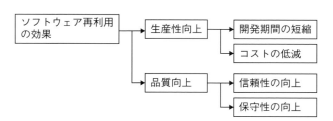

図8.2　ソフトウェア再利用の効果

ソフトウェア再利用においては，以下の項目を十分考慮して進めていくことが重要である．

### (a) 再利用効果の現れ方

ソフトウェア再利用の方策は，行ったからといってすぐに効果の出るものではない．逆に，最初の1～2個のソフトウェア開発プロジェクトは，部品ソフトウェア整備作業などの追加作業のために，生産性が落ちる可能性が大きい．また，大半の再利用では，他の設計者が開発したソフトウェアを利用することになるため，再利用しようとする対象ソフトウェアの理解や関連ツールなどの理解のための作業が大きく，かえって開発効率が低下することなどがある．

### (b) 技術的アプローチ以外の事項の重要性

ソフトウェア再利用は，技術的なアプローチだけではうまくいかない．再利用のための支援組織の確保や教育訓練の実施など，組織全体としての推進体制，再利用ソフトウェアの契約上の問題，その分野の安定性など，非技術的なアプローチを合わせた方策が重要である．

### (c) 再利用されるソフトウェア品質の判定

ソフトウェアの品質は，再利用しようとするソフトウェアの品質に大きく依存する．そのため，再利用対象ソフトウェアについての信頼性，使用性，効率性などの品質が十分確保されているかどうかを判定し，使用可能なソフトウェアかどうかを判断することが必要である．具体的には

・使用実績があり信頼性が確認されているか

・ドキュメントの整備状況がよく，理解しやすいソフトウェアか

・問題への適合性があるか

・メモリサイズや処理速度などの性能が要求と合っているか

などである．

### (d) 再利用効果の測定に基づく再利用レベルの向上

再利用効果のレベルを測定して，これを基に再利用の障害を見つけ出して取り除くことにより，再利用レベルを向上させていくことが重要である．再利用効果の定量的な指標の1つとして，プログラムソースコード量（ライン数）に基づいて定められた**再利用率**がある．これは，図8.3に示すように，開発した全体ソフトウェアのラ

*実際には,再利用率の計測は種々の基準に基づいて行われている.

イン数のうち再利用したライン数,すなわち改造ライン数と流用ライン数の合計の割合を表したものである*.

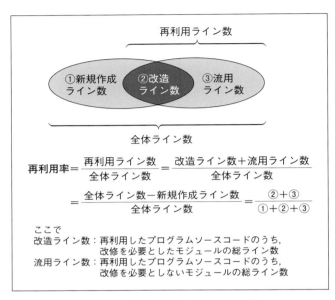

図 8.3　再利用効果レベルの測定方法

## 8.2　ソフトウェア再利用の課題

ソフトウェア再利用の効果は生産性向上と品質向上であると説明したが,現実にはいくつかの課題により,再利用は簡単には実現することができない.具体的には,図 8.4 に示すような課題があげられる.

### (a) 下位レベルの再利用は効果が小さい

小さいプログラム部品などの下位レベルの再利用においては,再利用により削減できるプログラム作成作業量と比べて,部品ソフトウェア検索などの再利用のための追加作業量が多くなり,あまり生産性向上などの効果を期待できない.

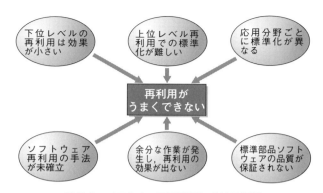

図8.4 ソフトウェア再利用における課題

### (b) 上位レベルの再利用は標準化が難しい

大きいプログラム部品を再利用すれば，プログラム作成作業量の削減効果も大きい．また，多数のプログラムに対応する設計仕様を再利用すれば，設計作業とプログラム作成作業の削減効果も大きい．しかし，上位レベルのプログラム部品や仕様は多様性が大きく，共通化や標準化が難しい場合が多い．

### (c) 応用分野ごとに標準化が異なる

1つの開発組織において，多数の応用分野における応用ソフトウェアを開発している場合，ある応用分野で標準化した部品ソフトウェアが蓄積されても，分野が異なればまた新たな標準化作業を行う必要がある．このため，ごく少ない応用分野の開発に特化している場合は再利用の効果が大きいが，多数の応用分野の開発を担当している場合には，標準化のための作業量が再利用による作業量の削減効果を上回り，全体としては効果が期待できない．

### (d) ソフトウェア再利用の手法が未確立

開発するソフトウェアのどのような部分が再利用対象として適しているか，どの標準部品ソフトウェアを流用して再利用すべきか，ソフトウェア再利用のためにどのような支援機能や支援体制が必要となるか，などの再利用によるソフトウェア開発の手法が未だ十分には確立していない．

基本的には，再利用を設計プロセスの中で扱い，このプロセスに従えば自然と再利用できるようにすることしか，うまくいっていな

い．

### (e) 余分な作業が発生し，再利用の効果が出ない

ソフトウェア部品の検索や部品ソフトウェアの内容把握など，再利用のためには追加作業が必要となり，再利用による作業量の削減効果が大きくない場合，効果が出ない．

### (f) 標準部品ソフトウェアの品質が保証されない

再利用する標準部品ソフトウェアの品質レベルが低いと，開発したソフトウェア全体の品質が低いものとなってしまう．特に，自作以外のソフトウェアの品質レベルが低い場合，その品質保証は大きな問題である．品質の高い標準部品ソフトウェアを登録し，さらに標準部品ソフトウェアの品質レベルの情報を的確に利用者に伝えることは，容易に実現できない．

このようなソフトウェアを再利用するうえでの課題を解決するためには，技術的アプローチだけでなく，開発プロセス管理手法や組織構造のあり方を含めて，総合的な施策を採る必要がある．

## ■8.3　ソフトウェア再利用の手法

ソフトウェアの再利用を進める際には，まず最初に再利用可能なソフトウェア部品を準備し，次にこれらの部品を再利用してソフトウェアを開発することとなる．また，これら一連の再利用作業を円滑に実施するためには，組織的な支援体制が重要となる．

本節では，まずソフトウェア再利用の手順を述べる．さらに，再利用可能な標準化部品を開発する方法，再利用してソフトウェアを開発する方法について説明する．

### ■1. ソフトウェア再利用の手順

ソフトウェア再利用の一般的な手順としては，図8.5に示すように，まずはじめにソフトウェア開発によって作られた仕様やプログラムを基に，再利用可能なモジュールを標準部品ソフトウェアとして切り出して登録しておく．この作業においては，開発組織のどの範囲で共通的に再利用可能とするかを設定することが重要である．

例えば，個々の応用分野ごとの開発担当チーム内でのみ再利用可能と設定された分野内標準部品ソフトウェアや，開発組織内すべての応用分野にわたり再利用可能と設定された組織内標準部品ソフトウェアなどがある．

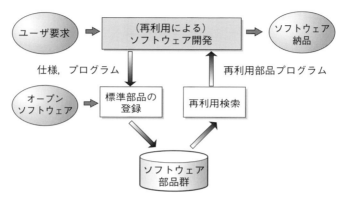

図 8.5　ソフトウェア再利用の手順

次に，標準部品ソフトウェアを再利用したソフトウェア開発においては，再利用検索を行い再利用可能なソフトウェア部品を選び出し，この部品ソフトウェアを活用してソフトウェア開発を行う．このサイクルを何回か繰り返すことにより，再利用可能なソフトウェアが蓄積され，より効率的なソフトウェア再利用が行われていくことになる．また，標準部品ソフトウェアを自前で開発準備するだけでなく，オープンなソフトウェアを外部から購入して利用することもある．

## 2. 再利用可能な標準化部品を開発する手法

組織内の標準化部品プログラムの開発方法として，図 8.6 に示すように，部品プログラムの選別と開発による方法と，ドメインに特化した部品プログラムの開発による方法がある．前者はボトムアップの開発方法で，従来から現実によく用いられている方法である．後者はトップダウンの新しい開発方法で，今後の実用化が期待されるものである．

以降に，両者の開発方法について説明する．

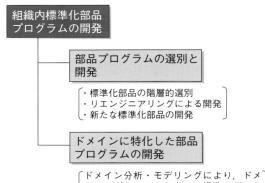

図 8.6　組織内標準化部品プログラムの開発

### (a) 部品プログラムの選別と開発

最初に，個別応用プログラムの開発が終了した時点で，図 8.7 に示すように，応用分野で使用頻度が高く，共通に使用できる可能性がある部品プログラムをその応用分野の標準化部品プログラムとし

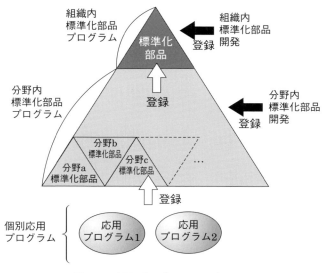

図 8.7　部品プログラムの選別と開発

て登録する．これを繰り返すと，応用分野ごとの標準部品が順次整備されてくる．新たに必要と考えられる分野内標準化部品プログラムについては，特別に開発して登録する．さらに，個別応用プログラムの中で，分野内での頻繁な利用が見込めるが，ドキュメントの不備などで登録利用が難しいものについては，**リエンジニアリング**により仕様整理やソースコードの再構造化などを行って部品プログラムとして作り上げ，標準化部品として登録することも可能である．

このように，分野ごとの標準化部品が使われていくうちに，他の分野でも共通的に使用できる部品が見つかることが多い．これらの部品を，さらに上位の分野間で共通に使える組織内標準化部品プログラムに登録する．この標準化部品については，分野ごとの標準化部品の場合と同様に，リエンジニアリングや新たな部品の開発により，登録されて部品が多数整備されていくことになる．以上のような方法で，組織内の再利用可能な標準化部品が豊富に用意されて，効率のよいソフトウェア再利用を実現することが可能となる．

**(b) ドメインに特化した部品プログラムの開発**

開発するソフトウェアは，個々の応用分野であるドメインごとに特徴を持っている．このため，ある1つのドメインに特化して，このドメイン内で効率的なソフトウェア再利用を実現するためのトップダウンアプローチの方法が試みられている．

---

### *C*olumn　リエンジニアリング

　　リエンジニアリングは，リバースエンジニアリングとフォワードエンジニアリングの2つのステップに分かれる．リバースエンジニアリングでは，既存のソフトウェアを下流から上流方向へと分析し，その結果をドキュメントにまとめる作業である．フォワードエンジニアリングは，リバースエンジニアリングにより分析した結果をもとにして，ソフトウェアを再生する作業である．本来，ソフトウェア開発における構成管理により仕様書などのドキュメント管理が確実に実行されていれば，リバースエンジニアリングによるドキュメント整備などは不要であるが，現実には最終的な製品ソフトウェアを必要かつ十分に説明したドキュメントが整備されていないことが多い．例えば，フィールドで発見されたバグの改修内容はソースプログラムリストに反映されていても，仕様書レベルまで反映されているものは少ない．

このドメインに特化したプログラム部品の開発は，図 8.8 に示すように，ドメイン分析，ソフトウェアアーキテクチャ標準化，再利用可能成果物の開発の手順により行われる．ドメイン分析により**ドメインモデル**が得られ，ソフトウェアアーキテクチャ標準化ではこのドメインモデルをもとにして，ソフトウェア構造モデルを作成する．さらに，再利用可能成果物の開発では，ソフトウェア構造モデルを用いて再利用可能な部品プログラムなどを作成する．

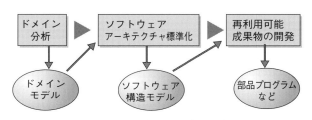

図 8.8　ドメイン分析・モデリングの手法

＊ドメイン知識には，業務に関わるマニュアルや教科書，以前のシステム開発の担当者や分析対象ドメインの専門家のインタビューによる収集情報など，多種多様なものがある．

まず最初のドメイン分析では，**ドメイン知識**＊を収集・整理・分析し，ドメインに特化してドメインモデルとしてモデル化する．**ドメインモデル**は，ドメイン辞書やドメイン記述により表現されている．ドメイン記述は収集したドメインに関する各種の情報を整理したもので，箇条書きや表形式にまとめたものや，業務フロー図，第 7 章で説明したクラス図などの一般によく用いられるモデル図にまとめられる．

次に，ソフトウェアアーキテクチャ標準化では，ドメインモデルについてさらに一般化や抽象化を行い，ソフトウェアシステムにおける構造的な要素の間でやり取りされるパターンを見つけ出す．これらのパターンをいくつか組み合わせることにより，ソフトウェア構造モデルを得ることができる．

再利用可能成果物の開発では，ソフトウェア構造モデルに基づいて，ドメイン特化部品プログラムのライブラリや部品プログラムを構造化したフレームワーク，ドメイン共通のデータ構造，モジュール間インタフェース，プログラムテンプレートなどが作成される．

### 3. 再利用によりソフトウェアを開発する手法

再利用してソフトウェアを開発する手法には，応用プログラムの再利用，あるいはテンプレート，フレームワーク，パッケージソフトウェア，コンポーネントウェアなどを用いるものがある．

#### (a) 応用プログラムの再利用

原始的な再利用方法であるが，実際にはよく用いられている．図 8.9 に示すように，まず最初に開発しようとするソフトウェアと類似の応用プログラムがあるかどうかを探す．該当するようなプログラムが見つかれば，その仕様書，ソースコードを調査・分析して，再利用可能な部分を切り出す．この再利用可能部分を，実際に開発するソフトウェアの仕様に沿ってソースコードの修正・コンパイルを行い，さらに関連するドキュメントの修正を行う．

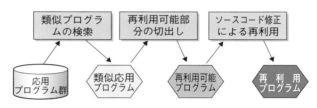

図 8.9 応用プログラム再利用の手順

#### (b) テンプレート

テンプレートとは，典型的な業務や一部の類似機能を標準にした雛型である．これを必要に応じてカスタマイズして再利用しようとするものである．

サブルーチン部品との違いは，サブルーチン部品が内部の振る舞いをブラックボックスにして，完全に定義されたインタフェース（パラメータ）を通じてのみアクセス可能であるのに対し，テンプレートはユーザがテンプレート使用時にソースエディタを使ってコンパイル前にソースコードを修正したり，パラメータを埋め込んで使用する点にある*．

*つまり，サブルーチン部品がブラックボックス型なのに対して，テンプレートはホワイトボックス型である．

#### (c) フレームワーク

フレームワークとは，カスタマイズ可能なようにソフトウェア部

品を前もって組み立てた半完成品ソフトウェアである．オブジェクト指向ソフトウェアで実現されていることが多く，ソフトウェア部品はオブジェクトクラスとして作られている*．

*詳細は第7章参照．

フレームワークを用いたソフトウェア再利用では，従来の標準部品ソフトウェアを呼び出す方式に比べて，主要となるアルゴリズムや制御機構をそのまま再利用できるために，大きな効果が期待できる．しかし，利用にあたってはアプリケーションをフレームワークに適合させる必要があり，従来型の開発と管理を大きく変化させるために，以下の課題への対処が必要となる．

・設計の自由度が小さくなること
・フレームワークの選択と設計が重要になること
・ソフトウェア開発者がフレームワークについて十分に精通すること

**(d) パッケージソフトウェア**

パッケージソフトウェアは，外部から購入・導入する完成度の高いプログラム部品である．あらかじめ仕様の変更範囲が設計されており，その範囲内で対応するようになっている．パッケージソフトウェアの導入においては，以下の点に留意する必要がある．

① **利用可能パッケージソフトウェアの調査**　アプリケーションに合う入手可能なパッケージを調査する．また，ベンダをよく調査するとともに，契約内容についても調査する．

② **機能や品質の事前確認**　説明書による理解だけでは不十分であり，必ずプロトタイピングの事前利用による確認が必要である．

③ **利用技術の習得**　開発するソフトウェアが動作する環境がさまざまであり，このような環境でのパッケージソフトウェア利用技術の向上が重要である．

④ **保守と保証の確認**　販売実績の多いソフトウェアの品質は比較的に安定しているが，それでもバグは必ずあるものである．バグによるトラブル発生時に，パッケージソフトウェア提供元からの十分な対策が期待できない場合が多いので，注意を要する．

## (e) コンポーネントウェア

コンポーネントウェアとは，オブジェクト指向に基づき，プラグアンドプレイ型ソフトウェア部品を組み合わせてシステムを開発する技術の体系である．コンポーネントウェアはハードウェア部品のように動的に組込み可能で，かつすぐに使えるプラグアンドプレイ型ソフトウェア部品（部品，コンポーネント）の再利用を実現している．このため，複数のオブジェクトを部品としてパッケージ化する技術を提供し，かつ部品間の多様なインタフェースの標準化が重要である．

コンポーネントウェアでは，部品を組み込むソフトウェアアーキテクチャが標準化されており，このような基盤技術の発展とその標準化が進んだ結果，多様な部品が提供されるようになった．さらに，最近ではインターネット上での部品の組合せも可能となっている．

コンポーネントウェアを実現する代表的な基盤技術として，ActivX/DCOM，CORBA，JavaBeans がある．また，コンポーネントウェアによる再利用のアプローチには以下の特徴がある．

DCOM：
Distributed Component Object Model

CORBA：
Common Object Request Broker Architecture

① **オブジェクトコードの再利用**　　従来のソフトウェア再利用では，主にホワイトボックス型のソースコードの再利用であったが，コンポーネントウェアでは，ブラックボックス型のオブジェクトコードの再利用となっている．

② **複合オブジェクトの再利用**　　通常，応用ソフトウェアで利用されるソフトウェア部品は単機能部品（単体オブジェクト）ではなく，複合機能を実現するための複数の部品をパッケージ化した複合部品（複合オブジェクト）である場合が多い．コンポーネントウェアでは，このような複合オブジェクトの再利用を可能としている．

③ **オープンな再利用**　　コンポーネントウェアでは，部品インタフェースの標準化がなされており，ソフトウェア部品のグローバルな流通が可能となり，オープンな再利用が実現される．

## 8.4 再利用支援の組織体制

通常,ソフトウェア技術者はぎりぎりのスケジュールや予算の中で仕事を行っており,同時に再利用可能なソフトウェア部品を開発するような余裕はない.したがって,再利用を奨励・推進するためには,再利用による生産性・品質向上の貢献度に応じて何らかの対価が支払われるような体制とする必要がある.また,ソフトウェア開発当初から再利用を前提とし,高品質な製品を作成するよう心掛けることが重要となる.

以上のことから,図 8.10 に示すように,ソフトウェア開発者を支援するための専門的な組織体制が必要である.

**(a) ソフトウェア部品開発チーム**

再利用するソフトウェア部品の開発,品質保証,利用補佐および保守を担当するチームがまず必要となる.

**(b) ソフトウェア部品管理チーム**

再利用ソフトウェアの認定・登録・管理において,所有権,製造

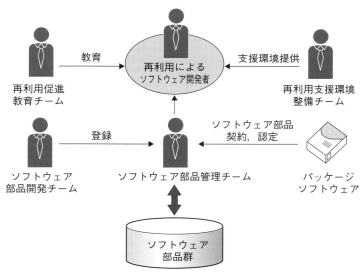

図 8.10 ソフトウェア再利用支援の組織体制

責任，税金などの法的条件を，売買や外注などとの契約時に明らかにしておく必要がある．また，再利用を効率良く行うために，以下のソフトウェア部品管理機能が必要となる．
・再利用ソフトウェア部品のコンテンツと情報の管理，再利用

> ### Column  SPL（Software Product Line）
>
> 　近年ソフトウェアの部品化・再利用化を加速する開発手法として，ソフトウェアプロダクトライン（SPL）が注目を集めている．SPL は，特定ドメイン（市場分野あるいは製品群）に対応してコアアセット（事前に共通化された再利用資産）を開発し，それらを効率よく用いてプロダクト（個別のアプリケーションソフトウェア）を開発するための手法である．SPL の期待される効果は，大幅な生産性の向上，リードタイムの短縮，品質の大幅向上，顧客満足の増大などである．
>
> 　プロダクトライン手法は，図 8.11 にあるように，コアアセットを開発するドメインエンジニアリング，そのコアアセットを活用してプロダクトを開発するアプリケーションエンジニアリング，およびそれらの活動に対して開発組織の強い統制と支援を提供するマネジメントからなる．コアアセット開発へはプロダクト開発の結果が繰り返しフィードバックして反映され継続的に改善される．なお，コアアセット開発は対象とするドメイン毎に行われる．
>
>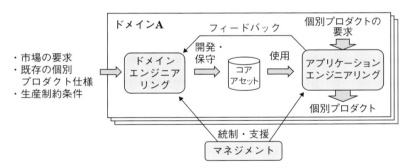
>
> 図 8.11　プロダクトラインの基本的手法
>
> 　ここで，ドメインエンジニアリングでは，市場の要求，既存の個別プロダクト仕様，生産制約条件からコアアセットを構築する．アプリケーションエンジニアリングでは，個別プロダクトの要求に基づきコアアセットを用いて個別プロダクトを開発する．なおコアアセットには，ドメインモデル，アプリケーションフレームワーク，再利用可能なソフトウェアコンポーネント，要求仕様，アーキテクチャ仕様，テストケース，開発プロセスなどが含まれる．

のための作業手順の標準化を行う．
- 再利用による効果などを生産現場に PR し，浸透させる．
- どのソフトウェア部品のどのバージョンが，現在どのシステムに利用されているかを追跡・把握する．

**(c) 再利用支援環境整備チーム**

再利用を促進するための支援システム，ツール，設備などの支援環境の実現・整備を行う．

**(d) 再利用促進教育チーム**

ソフトウェア再利用開発体制の導入当初は，開発担当者が再利用によるソフトウェア開発に慣れていないため，まず教育活動や PR により再利用を意識させることが必要となる．また，再利用しやすい部品ソフトウェアを作成するための技術教育も重要である．具体的には，以下のような教育を行うとよい．
- ソフトウェア再利用の意義，重要性，必要性についての教育
- オブジェクト指向技術などの関連技術の教育
- 標準的な再利用手法や技法の教育
- 再利用のための支援システムやツールの利用方法の教育

## 演習問題

**問1** ソフトウェア再利用の実現が難しい理由を説明せよ．
**問2** ソフトウェア再利用の進め方の注意点を述べよ．
**問3** フレームワークの仕組みとその利点について述べよ．
**問4** 効果的な再利用を進めるための組織体制について説明せよ．

# 第9章

# プロジェクト管理と品質管理

　大規模なソフトウェア開発を効率的に実施し，かつ一定の品質を達成するためにはソフトウェア開発管理が重要な役割を果たす．プロジェクト管理はソフトウェア開発自体を，品質管理はソフトウェア製品と開発プロセスの品質を計画・計測・制御する組織的活動である．また，構成管理はソフトウェア製品の一貫性を保持する活動である．

　ここでは，プロジェクト管理と品質管理および構成管理の基本的な枠組みについて学ぶ．また，ソフトウェア開発管理に関する組織的能力の査定と改善の手法であるソフトウェア能力成熟度モデルとその周辺動向について述べる．

## 9.1 開発管理の枠組み

　大規模なソフトウェア開発は，複数の人間が組織的に作業してはじめて可能となる．これを効率良く行うためのマクロな仕組みが**開発管理**である．

　開発管理は，プロジェクト管理，品質管理，構成管理の3つの要素からなる．図9.1は，開発管理の3つの要素が，開発作業とどのように関係しているかを示している．

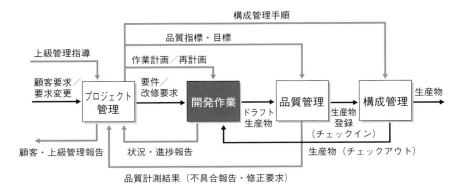

図 9.1　開発管理の枠組み

NG：No Good

　　プロジェクト管理は，顧客要求を入力として作業計画，品質指標・目標，構成管理手順を策定する．開発開始後は，開発作業の状況・進捗報告をモニタし，問題があれば開発作業に対して再計画を行う．また，品質計測結果が **NG** の場合にも開発作業に対して再作業を指示する．

　**品質管理**は，開発作業の結果としてのドラフト生産物を受け，プロジェクト管理であらかじめ計画された品質指標と品質目標を入力として，その品質を検査する．ドラフト生産物が品質目標を満たせば生産物として登録し，そうでない場合には登録を拒否する．それらの品質計測の結果はプロジェクト管理に報告される．**構成管理**は，所定の品質を満足した生産物を登録（チェックイン）し，要求変更や不具合修正に伴う修正変更を行えるように生産物を開発作業に引き渡す（チェックアウト）役割を持つ．構成管理は，複数作業者による生産物の二重変更や，生産物間の整合性の保持，変更履歴の蓄積など，共同作業において生産物の一貫性を守るために重要な役割を持っている．

　以下，3つの要素について順に解説する．

## 9.2 プロジェクト管理

ソフトウェア開発組織は，ソフトウェア開発作業を，要求されたコストと期間および品質を満たすように制御していく必要がある．プロジェクト管理は，ソフトウェア開発に必要なあらゆる面に関して綿密に計画を立て，開発の実態がその計画内に収まるように行う制御活動である．

図 9.2 にプロジェクト管理の流れを示す．プロジェクト管理は，見積り，計画／再計画，進捗モニタ，管理判断の 4 つの基本構成要素からなる．

**進捗モニタ**は，計画に沿って開発が進んでいるかどうかを監視する．モニタすべき主なデータは，開発スケジュール・コスト，生産物の品質である．これらのデータについて，計画と実績との差異を検知し，問題の発生を把握する．**管理判断**では，識別された問題に対してどのような制御行動を取るかについて，コスト，スケジュール，リソース制約などの面からトレードオフし，**再計画**（新たなリソースの投入，リソースの再編成，スケジュールの見直しなど）の実施を指示する．

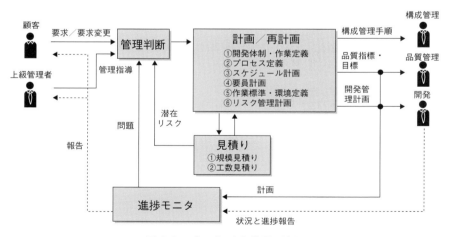

図 9.2 プロジェクト管理の流れ

## 1. 見積り

見積りには，図9.3に示すようにソフトウェア規模の見積りと開発工数の見積りがある[*1]．ソフトウェア規模見積りとは，開発するソフトウェアに対する要件から，ソフトウェアそのものの規模を推定することである．ソフトウェアの規模は通常，ファンクションポイント数あるいはソースコードライン数で表す．**開発工数の見積り**とは，ソフトウェア規模見積りをベースとして，使用する開発プロセス・言語・環境，組織自体の開発能力，ソフトウェアの再利用率などを加味し，開発にかかる工数を推定することである．開発工数は通常，マンパワー[*2]で表す．

[*1] 見積り技術の詳細については第10章参照．

[*2] マンパワー＝開発人員×開発時間

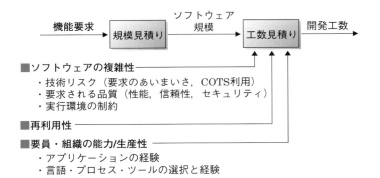

図9.3 ソフトウェア規模と工数の見積り

単純には，ソフトウェア規模は顧客要求に対する対価，開発工数は実際に開発にかかる人的費用に相当する．しかし，実際には改良開発や商用ソフトウェアを利用するケースなどがあり，顧客対価としてソフトウェア規模を用いるのではなく開発工数を用いることが多い．しかし，この方式では，顧客対価に組織の開発能力の要素が加味されず，開発組織自体が能力向上を行うインセンティブにならない問題がある．

プロジェクト管理においては，開発工数の見積りが非常に重要である．見積り工数がプロジェクト計画のための根拠となるからである．開発工数が過度に低く見積もられれば，本来必要な開発リソースが投入されない．その場合，どんな計画も実行不可能であり，た

とえ最良な管理行動をとったとしても，プロジェクトは早晩破綻する運命にある．

## ■2. 計画／再計画

計画／再計画は，これから行う開発の段取りをつけることである．プロジェクトは，程度の差こそあれ新規開発部分が必ず存在するので，行うべき作業とその見積り工数がすべてわかっていることはない．そのため，完全な計画を作成することは不可能である．しかし，わからないからといって，何を，誰が，いつまでに，どのように行うのかを決めておかなければ，開発が頓挫するか迷走するかのどちらかである．また，実績は計画との差異で把握されるので，計画なしでは開発がどこまで進んだかを把握することもできない．こうした理由から，プロジェクト管理では計画が最も重要な活動と考えられている．

計画に対する基本的な留意点を以下に示す．

① 不明なことは残しつつ，作業は人が行える程度まで詳細化する．

② 組織標準，類似プロジェクト情報など過去の知識を基準に，スケジュール，リソースなどの制約を満たすようにカスタマイズする．

③ チームと個人の役割責務とコミュニケーション手段を明確にする．

④ あらゆる種類のリスクを考慮しその対処手段を計画する．

⑤ 要求変更，スケジュール遅れなどの種々の事態に対処できる仕組みを作る．

*図9.4で，スケジュール計画は進捗モニタと合わせて進捗管理，リスク管理計画はリスク制御と合わせてリスク管理と呼ぶこととする．

計画／再計画は，図9.4*に示すように開発体制・作業定義，プロセス定義，スケジュール計画，要員計画，作業標準・環境定義，リスク管理計画からなる．これらの構成要素は互いに依存し合う関係にあるので，計画作業は種々のトレードオフ要素を考慮して最適化を行う．計画は，言わばプロジェクト自体の「設計」である．

### (a) 開発体制・作業定義

**作業定義**とは，成果物を生産するうえで必要な全作業要素を定義し，その各作業要素の工数見積りを行うことである．作業定義では

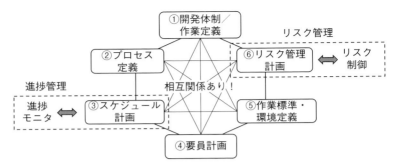

図 9.4 計画の構成要素

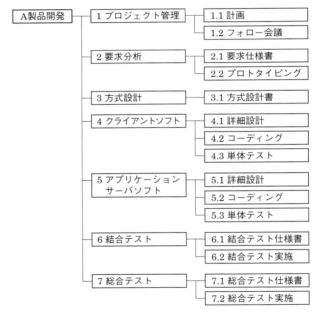

図 9.5 WBS の一例

WBS：
Work Breakdown Structure

通常，**WBS** を用いる．図 9.5 に WBS の一例を示す．

WBS は，各階層レベルで管理対象が明確かつ要求される精度の工数見積りを行えるように構成する必要がある．各階層の見積り精度は，開発予算獲得のレベル，外部組織へのタスクの委託をできるレベル，人員が担当チームに割り当てられ人／日が予測できるレベ

*これをワークパッケージ（WP）と呼ぶ．

ル\*がある．

　**開発体制定義**とは，プロジェクト組織内におけるグループやチームに対して，役割，責任および報告関係を文書によって定義することである．各作業要素の工数見積りは，ソフトウェア全体の工数見積り結果と，過去の類似プロジェクトにおける作業配分実績などを考慮して推定する．

　開発体制定義では，プロジェクトにおける役割と組織構造とのマッピングを示したツリー図を用いる．図9.6に開発体制図の一例を示す．

　最後に，作業定義と開発体制定義から，開発体制図上のグループやチームがWBSのどの作業（WP）を担当するかを明確にする．表9.1に示す責任分担表のように，WBSと開発体制との間のマトリックスにすると，対応関係が一目瞭然となる．

**(b) プロセス定義**

　プロセス定義とは，開発作業を効率的に遂行し，管理するための作業の骨組みを定めることである．プロセスは，大まかな開発段階

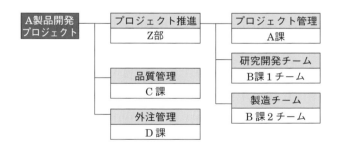

図9.6　開発体制図の一例

表9.1　責任分担表

|  | チーム1 | チーム2 | チーム3 | チーム4 |
|---|---|---|---|---|
| WP_A | A | | | |
| WP_B | | A | I | |
| WP_C | | A | S | R |
| WP_D | | | A | R |
| WP_E | | | | A |

A：当事者，S：サポート，I：情報提供，R：レビュー

（フェーズ）分けと各段階での成果物が設定されている．通常，各企業は組織内にいくつかの標準プロセスを持っており，それを開発すべきソフトウェアの性格に合わせて仕立てて使用することが多い．ウォータフォールモデル*はよく使われるモデルの1つである．典型的な管理プロセスとして，設計と試験とを対応づけたV字型モデル*，リスク管理を中心に据えたスパイラルモデル*などがある．

*第2章，第7章参照．

**(c) 進捗管理：スケジュール計画と進捗モニタ**

スケジュール計画とは，作業リストと各作業の工数見積り，および各作業を担当する要員の関係を記述した責任分担表を入力として，各作業の開始日と終了日を設定する作業である．スケジュール計画では，**ガントチャート**が簡便な手法としてよく使われている．図9.7にガントチャートの例を示す．

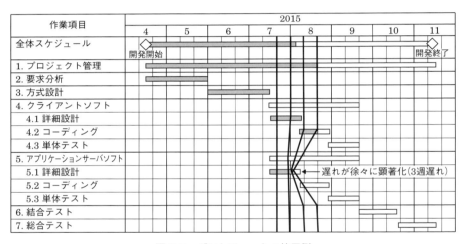

図9.7　ガントチャートの使用例

ガントチャートは，縦軸に作業項目を，横軸にカレンダーを持ち，各作業の開始日から終了日までをバーで表現する．また，進捗モニタを行う際には，バーを塗りつぶして作業計画に対する実績分を割合で表現する．フォロー会議の時点での作業項目の進捗実績を結んだ線（稲妻線）を最近数週間分表示することで，進捗の鈍い部分が可視化できる．ガントチャートは，作業の開始日と終了日が明確に図示されること，計画と実績の際が把握しやすいため，進捗モ

ニタのプレゼンテーション用ツールとして多く使用されている．しかし，ガントチャートは作業間の相互関係を表現できないため，制約事項を満たす精密なスケジュールを立てるのには不向きである．

**クリティカルパス法**は，各作業をノード，作業間の依存関係をリンクとする**作業ネットワーク図**を構成し，各作業に所要時間を記述することで，終了日あるいは終了日から遡って開始日を計算する数理的な方法である．図 9.8 に作業ネットワーク図の例を示す．図 9.8 では，最長の作業パス A–B–C–D–G を**クリティカルパス**と呼び，所要日数は 31 日と計算される．各作業の所要日数が短縮されないかぎり，この 31 日が最短の所要日数となる．

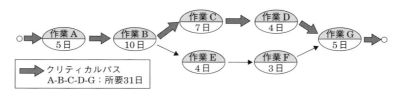

図 9.8　作業ネットワーク図の一例

クリティカルパス上の作業の遅れは，スケジュールに深刻な影響を与え，逆にそれ以外の作業はある程度の余裕を持った作業となる．クリティカルパス法では，所要日数として最頻作業日数を採用して所要日数の計算を行う．

**PERT 法**は，クリティカルパス法と似た作業ネットワーク図を用いて作業の依存関係と所要日数を計算する方法である．クリティカルパス法と比べると，作業をリンク，作業開始および終了のイベントをノードとするネットワーク図を構成する点および各作業の所要日数として

$$所要日数 = \frac{楽観値 + 4 \times 期待値 + 悲観値}{6}$$

を採用して所要日数の計算を行う点などが異なる．

クリティカルパス法・PERT 法では，各作業工数見積りのあいまいさがスケジュールへ与える影響度を見積もるために，**モンテカルロシミュレーション**を行うことで，所要日数の確率分布を計算することができる．この場合，各作業の所要日数の確率分布として，平

均値を先に述べた値,標準偏差を

$$標準偏差 = \frac{\sqrt{悲観値 - 楽観値}}{6}$$

とする正規分布を用いる.

スケジュール計画を立てるうえでは,作業間の前後関係だけが問題となるのではなく,例えば同一のメンバが他のプロジェクトの一部を担当しているといった要員配置上の制約と,作業場所・環境の共用などその他資源の制約を考慮して,各作業を時間軸上へ配置していく必要がある.市販の進捗管理ツールは,これらのリソース制約と作業の前後関係および作業ネットワーク表現からガントチャート形式への変換など非常に便利な機能を提供している.

**(d) 要員計画**

**要員計画**とは,組織編成と責任分担表に沿って,要員が作業責任を果たすのに必要な能力を,必要な時点までに調達あるいは教育する計画を立てることである.作業遂行能力のない要員が作業を行えば,品質とスケジュールの面で非常にリスクが高い.内部要員に対する教育だけでなく,外部組織への委託することも選択肢の一つである.

要員計画は以下の手順に従う.

① 責任分担表上の役割実施に必要な人数と能力を明確にする.
② 内部要員および外部調達により必要な人数を確保する.外部調達は頭数だけでなく能力ニーズの確保を考慮する.
③ 内部要員に対する能力を育成するためのプログラムを準備する.例えば,外部講座,社内研修プログラム,プロジェクト内講座,OJT など.
④ 個々の内部要員の能力レベルを明確にする(教育免責事項の把握).
⑤ スケジュール計画と整合するように要員の育成プログラム受講をスケジュールする.

OJT : On the Job Training

**(e) 作業標準・環境定義**

**作業標準定義**とは,ある特定の事象に対応するための手順・規約類を定義するもので,構成管理手順,変更管理手順,進捗報告手順,レビュー手順,ドキュメント規定,コーディング規約などを含

む．作業標準は，開発組織の中ですでに雛型として定義されているケースが多い．各プロジェクトは，選択したプロセス定義・作業環境および顧客の指定に合わせ，カスタマイズして使用する必要がある．作業標準は，プロジェクト組織内のグループ横断的な作業である品質管理，進捗管理，リスク管理の仕組みを決める重要な作業である．

**作業環境定義**とは，開発ソフトウェアを動作させるためのマシン，OS，ミドルウェアなどの動作環境，および開発プロセスの各フェーズで使用する設計ツール，試験・デバッグツールなどのソフトウェアツール，さらに物理的な作業場所を定義し，調達と整備をどのタイミングで行うかを計画することである．

作業標準・環境定義で設定された情報は，プロジェクト構成員に教育などを通じて周知徹底すべきであるため，要員教育計画に含めるとともに，明示的な文書として常に閲覧可能な場所に置いておく必要がある．

**(f) リスク管理：リスク管理計画とリスク制御**

リスク管理とは，プロジェクトの目標達成を危うくする要因を早期に見つけ出し，最良の事前対応策を計画・実施することである．リスクは大きく，要求，開発，技術の3つに分類できる*．表9.2にリスクのカテゴリと典型的なリスク例を示す．

＊基本的に，リスクは新規の開発であるほど増大する傾向がある．

図9.9にリスク管理の枠組を示す．図9.9に示すように，リスク管理は**リスク管理計画**と**リスク制御**に分かれる．リスク管理計画では，潜在的なリスク要因を洗い出し，各リスクがプロジェクトに与えるスケジュール・コスト・品質面への影響，さらに複合的な影響の連鎖などを分析し，対処の必要性・重要度を決定し，対処方法を計画する．リスク対処方法としては，以下の方法がある．

① 回避：リスクの原因を取り除くことでリスク自体を回避
② 転嫁：リスクを含む作業を外部組織に委託．これは自組織内に作業を行う技術がない場合の対策である
③ 軽減：リスクの発生確率と／あるいは影響度を受容可能なレベルまで減低
④ 受容：リスク対策①〜③が合理的でない場合，リスクを容認する．これにはリスクを確率事象としてとらえ，コスト・スケ

表 9.2 リスクのカテゴリと例

| カテゴリ | リスク例 |
|---|---|
| 要　求 | 要求のあいまいさ（性能, ユーザインタフェース, 安全性, セキュリティ） |
| | 要求誤り（運用環境との不整合, 他の要求との不整合） |
| | 頻繁かつ影響の大きい要求変更 |
| 開　発 | 要員不足 |
| | 要員の移転・病気 |
| | 開発プロセス・手順・技法への不慣れ |
| | 開発設備の未調達（スペース, 開発環境） |
| | 外注先の契約未達成（納期遅れ, 品質未達成, 作業不履行） |
| | 最先端技術への過度な依存 |
| | コンピュータ環境のダウン |
| | 未決重要事項の決定遅延 |
| 技　術 | 性能要求の達成不可 |
| | COTS 製品の開発への不適合 |
| | 要求機能の実現アルゴリズム設計不可 |

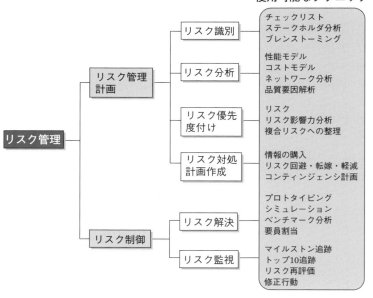

図 9.9　リスク管理の体系と技術

ジュール計画に余裕を持たせることと，各リスク発生に備えて作業体制・手順を明確化した**コンティンジェンシ計画**を含む．

**リスク制御**では，リスク対処計画に従い，リスク解決のための具体的な行動を実施する．ここでは，開発システムに近い問題を短期間・低コストで解決する必要があり，プロトタイピングやシミュレーションなどの分析手段が用いられる．さらに，コンティンジェンシ計画に従い，リスク事象・兆候の発生のモニタと，発生時の対処を実施する．対処実施後，リスクの再評価を行い，必要ならば計画に対する修正を行う．

# 9.3 品質管理

品質管理は，ソフトウェア製品の品質を高い状態に保つために行う活動である．品質管理の基本的アプローチとして，プロダクトの品質を直接管理する方法と，プロダクト開発のプロセスを保証・改善することでプロダクトの品質を間接的に管理する方法がある．

## 1. ソフトウェア製品の品質

ソフトウェア製品の品質とは，利用者にとって望ましいソフトウェアの性質のことである．ISO/IEC 25010 は，この性質を，表 9.3 で示すように 8 つの品質特性である機能適合性，性能効率性，互換性，使用性，信頼性，セキュリティ，保守性，移植性とそれらを詳細化した品質副特性として定義している．

ISO:
International
Organization
Standardization
国際標準化機構

IEC:
International
Electrotechnical
Commission
国際電気標準会議

これらの品質特性・副特性は，ソフトウェア製品に対する品質を規定する枠組みとして使用できる．すなわち，製品の開発において，計画時に各特性に対して測定可能な指標（品質指標）を定義し，その指標に対する目標値を定めることで，その製品が持つべき品質を規定するのである．品質保証は，製造する製品が規定された品質目標をクリアしているかどうかを検査する活動となる．表 9.3 には，各品質副目標に対する品質指標の例も併せて示している．

一般に，ソフトウェア製品は，その市場原理の中で求められる品質が異なってくる．例えば，原子力，宇宙用ソフトウェアは信頼性

## 表9.3 ISO/IEC 25010 品質特性

| 品質特性 | 品質副特性 | 記述 | 品質指標例 |
|---|---|---|---|
| 機能適合性 | *Functional Suitability*：機能のユーザニーズへの適合度 | | |
| | 機能完全性 | 業務を実現するために必要な機能を網羅していること | 機能実装率 |
| | 機能正確性 | 必要な精度で正しい結果または効果が得られること | 機能正確率 |
| | 機能適切性 | 業務の目的にとって適切であるか | 機能適切率 |
| 性能効率性 | *Performance Efficiency*：一定条件下での性能及び資源の効率性 | | |
| | 時間効率性 | 実行速度やスループットが要求を満たすか | 応用時間，スループット |
| | 資源効率性 | 適切な量・種類の資源の使用 | メモリ使用率 |
| | 容量満足性 | システムパラメータの最大限度が要求を満たすか | データベース容量 最大利用者数 |
| 互換性 | *Compatibility*：他システムとの接続性及び共存性 | | |
| | 共存性 | 資源を共有する他ソフトウェアと共存できるか | 資源競合度（資源別競合可能件数集計） |
| | 相互運用性 | 他システムと相互運用できる能力 | データ交換率 |
| 使用性 | *Usability*：使い勝手の良さ | | |
| | 適切度認識性 | ユーザのニーズに合っているかどうかの判断の容易さ | デモ表示装備率 |
| | 習得性 | 使い方の習得が容易か | 機能ヘルプ装備率 |
| | 運用操作性 | ユーザの操作と制御の容易性 | 機能平均操作数 |
| | ユーザエラー防止性 | 利用者の間違いを防止または修正を助けてくれる度合 | 操作当りのユーザエラー数 |
| | ユーザI/F快美性 | 見栄えや対話のリズム感など快く感じる度合 | ユーザI/F要素のカスタマイズ可能率 |
| | アクセシビリティ | 種々の心身特性・能力の人が利用できるか | 視覚障碍者の利用可能機能比率 |
| 信頼性 | *Reliability*：一定条件下における機能と性能の維持能力 | | |
| | 成熟性 | 十分にテストされ，実運用で使いこまれ，長く正常に稼働する能力 | 平均故障間隔（MTBF） 欠陥修正率 |
| | 可用性 | 利用可能な状態がどれだけ多いか | 稼働率 |
| | 障害許容性 | 障害発生時の性能維持能力 | 障害件数当りのシステム停止率 |
| | 回復性 | 障害復旧，データ回復の容易性 | 平均復旧時間 |
| セキュリティ | *Security*：情報やデータを保護する度合 | | |
| | 機密性 | アクセス権限の逸脱がないように制御する度合 | 使用暗号アルゴリズムの強度 |
| | インテグリティ | データに対する攻撃防止，被害の回復の度合 | データ攻撃防止率 |
| | 否認防止性 | 実際に実施したことを否認できないようにする度合 | 電子署名利用率 |
| | 責任追跡性 | 情報アクセスなどの行為が追跡できる度合 | アクセス監査性 |
| | 真正性 | IDの本人であると証明できる度合 | 真正性手順適合率 |
| 保守性 | *Maintainability*：保守・修正のしやすさ | | |
| | モジュール性 | 適切にモジュールに分割されているか | 構成要素結合度適合性 |
| | 再利用性 | 1つ以上のシステムに資産として利用される度合 | プログラム流用率 |
| | 解析性 | 障害発生箇所の発見の容易性 | 平均障害解析時間 |
| | 修正性 | 指定の修正のしやすさ | 平均障害修正時間 |
| | 試験性 | 試験のしやすさ | 自動試験実施率 |
| 移植性 | *Portability*：異なる環境への移しやすさ | | |
| | 適応性 | 環境の多様性や変化に追随可能か | 移植手順数 |
| | 設置性 | 稼働環境へのインストール容易性 | インストール時間 |
| | 置換性 | 他ソフトへの置き換え易さ | 平均置換作業時間 |

に特に重点が置かれるが，パッケージソフトウェアは信頼性や機能適合性や使用性などの要求をバランスよく満たさなければならない．そうした製品ごとの品質要求の違いは，指標の選択法とその目標値の設定によって吸収する．

## 2. プロダクト品質管理の枠組み

製品の品質は，最終テストに合格しただけでは不十分であり，開発各段階から作り込んでいく必要がある．そのため，製品の品質目標を達成するために，開発各段階の品質活動と目標を計画し，測定し，制御する活動が求められる．この活動を**品質管理**と呼ぶ．図9.10 に品質管理の概念を示す．

例えば，製品の残存欠陥密度を 0.04 件 /kL 以下に抑えるという目標に対して，要求分析，設計，コーディング，テストの各段階のレビューやテストの実施や結果に対する目標指標値を設定し，各段階でチェックし目標を満たさない場合何らかの改善のための制御を実施する．それによって，開発の早い段階で品質にフィードバックをかけることができる．

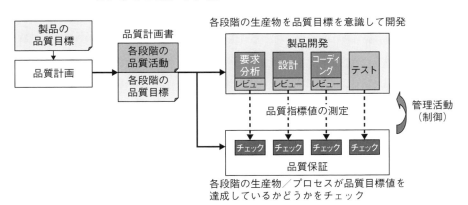

図 9.10　品質管理の概念

図 9.11 に，開発組織における品質管理活動の枠組みを示す．品質管理活動は，管理，開発，品質保証の明確な役割分担によって成り立つ．開発組織は，スケジュールに沿って中間・最終生産物を開発し，その進捗を逐次管理者へ報告する．品質保証組織は，管理者

から与えられる品質目標に沿って，その中間・最終生産物を検査し，その結果を管理者に報告する．管理者は，検査結果に従って開発組織に対してその工程の完了を承認し，問題があればその解決を指示し，適切な制御行動をとる．

ここで，品質保証組織は，管理者が適切な制御行動をとるために必要な製品についての客観的な品質情報を提供する役割を担っており，品質管理を行ううえでの扇の要に位置づけられる．

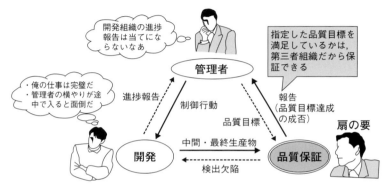

図 9.11　品質管理活動の枠組み

開発組織は，自らの製造物について楽観的である．また，開発と検査を同じ組織で行うと，計画されたスケジュールを守ろうとする圧力により品質保証を犠牲にしがちである．したがって，品質保証と製造は異なる組織で行うほうがよいといわれている．

## 3. 品質保証の2つのタイプ

品質保証には，開発工程ごとに組み込まれて系統的に行われる組込みタイプのものと，プログラムを実行させて行うテストタイプのものがある．図 9.12 の2つのタイプの品質保証について説明する．

**組込みタイプの品質保証**は，要求分析・設計時からの品質の作り込みを行う目的で，各開発フェーズの中間生産物が一定の品質を持っていることを保証する活動である．検査手段としては，公式レビューやプロトタイピングなどを用い，検査内容は，各開発レベルでの中間生成物である仕様の品質である．

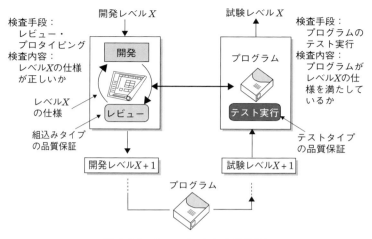

図9.12 2つのタイプの品質保証

**公式レビュー**とは，レビュー者の役割と資質，およびレビュープロセスが明確に定義されているレビュー法である．レビューは，プログラムや仕様書など，可読の生産物なら何でも対象とできるため応用範囲が広い．

レビューと信頼性との関連づけに関する基本的な考え方は，欠陥検出率 $a$ のレビュー者 $n$ 人が独立して検査を行えば，$\Pi(1-a)^n$ のエラー残存率（残存欠陥数／総欠陥数）を達成できるというものである．例えば，欠陥総数 100，$a=0.6$，$n=5$ とすれば，残存欠陥数の期待値は

$$\Pi(1-0.6)^5 \fallingdotseq 0$$

となる．

**テストタイプの品質保証**は，最終生産物であるプログラムの品質を保証する活動である．検査手段はプログラムのテスト実行であり，検査内容はプログラムが対応する開発フェーズの生産物で記述された仕様を充足しているかどうかである．

組込みタイプとテストタイプは，品質保証活動の車の両輪に例えられる．一般に，要求定義や基本設計段階で発生した欠陥はプログラム構造に大きく影響するため，プログラム開発の最終段階であるテストでは修正が難しくなる．また，レビューやテストによる品質

検査だけでなく，要求分析・設計の方法自体を変革し，要求分析・設計時点で品質を向上させるような活動を行うことも重要である．

品質特性として信頼性を取り上げ，レビューとテスト実行で用いる品質指標の例を表9.4に示す．

MTBF：Mean Time Between Failure

MTBFは，従来から信頼性を表す指標として用いられているもので，故障が直ってから次の故障までの時間として定義され，システムが正常に稼働する時間を示す．

表9.4 信頼性に関する品質指標例

| 品質指標 | | | 内　容 |
|---|---|---|---|
| レビュー関連 | 欠陥指摘密度 | 設計 | 欠陥指摘件数／ドキュメントページ数 |
| | | コード | 欠陥指摘件数／コード行数 |
| | 実施率 | 設計 | 実施ページ数／ドキュメントページ数 |
| | | コード | 実施コード行数／コード行数 |
| | レビューアによる評点（視点別） | 設計 | レビューアによる採点（理解容易性，あいまい性の無さ，正しさ，無矛盾性，実現性など） |
| | | コード | レビューアによる採点（規約準拠性，型変換の正しさ，論理式の正しさ，メモリ割当解放の正しさなど） |
| テスト関連 | 欠陥検出密度 | | 欠陥検出件数／コード行数 |
| | 実施率 | | 実施テスト項目数／計画テスト項目数 |
| | テスト密度 | | テスト項目数／コード行数 |
| | テストカバレッジ | | 網羅度 |
| | エラー収束率 | | 既検出欠陥件数／推定欠陥総数 |
| | 運用信頼性 | | MTBF |

## 4. 品質保証のプロセス

品質保証のプロセスは，計画と実施からなっている．図9.13に品質保証のプロセスを示す．

**(a) 計　画**

計画では，次の6つの事項を決定する．
① 品質保証組織と役割の定義
② 品質保証作業のカテゴリとレベルの記述
③ 品質要求（品質指標）

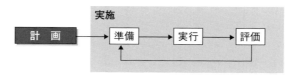

**図 9.13 品質保証の基本プロセス**

④ 品質保証基準(品質指標に対する目標値,結果を確認する方法)
⑤ 検査スケジュール
⑥ 検査環境(ハードウェア構成,ソフトウェアツール)

**(b) 実　施**

実施は,準備,実行,評価の3つの作業からなる.**準備**では,検査項目の設計と検査環境の準備を行う.検査項目の設計とは,レビューならばレビューを行ううえでの注目点の設定,テストならばテストケースの設計である.**実行**では,実際に製品や半製品を検査し結果を記録する.検査項目は膨大になる場合が多いので,実行はなるべく系統的に行えることが望ましい.**評価**では,検査結果が設定した品質保証基準を満たしているかどうかを判定する.その判定結果を管理者へ報告すると同時に,検出した欠陥を製造組織に伝える.

## 9.4 ソフトウェア構成管理

ソフトウェア開発における生産物は,機能拡張や仕様変更,あるいは不具合処置のため頻繁に変更が行われる.大規模な開発では,変更を制御しない場合,次のような事態が容易に起こってしまう.

① プログラム全体のビルド構成が不完全になる.
② プログラム変更がドキュメントに反映されない状態になる.
③ 同一生産物への複数人での同時編集で,変更が不完全になる.
④ 実施した検査結果が何を対象としたものかわからなくなる.
⑤ 何のために,どの生産物のどこを,どのように変更したのかわからなくなる.

これらは,理解できないプログラム不具合,信用できないドキュ

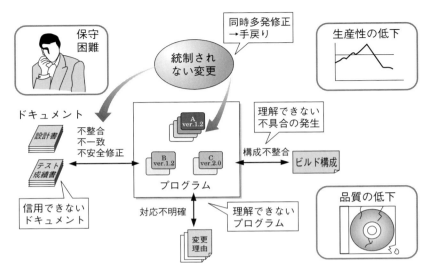

図 9.14 統制されない変更が引き起こす問題

メント，プログラムのデグレードという問題へとつながり，ソフトウェア全体の保守性を著しく落とす原因となる．図 9.14 はこの状況を模式的に表したものである．

SCM：Software Configuration Management

**ソフトウェア構成管理（SCM）**とは，ソフトウェア開発における生産物に発生する変更に対して，一貫性を持つ形態で生産物と生産物間の構成を管理し，変更の履歴を追跡可能にするための枠組みである．より具体的には，ドキュメントとプログラムを含む生産物群に対して，次のことを行うことである．

① 管理対象と変更管理手順の定義
② ドキュメントとプログラムの変更制御
③ ドキュメントとプログラムの構成制御

以下に，上記 3 つの作業について説明する．

**(a) 管理対象と変更管理手順の定義**

この作業は，プロジェクト計画の作業標準・環境定義の中で行われる．管理対象の定義は，ソフトウェア開発の生産物のうち，ソフトウェア開発組織として管理する対象を指定し，生産物とその変更に対する識別に必要なコード体系を決定することである．コード体系は，変更レベルと時間的順序などを反映するように決定する．図

9.15 は，プログラムバージョン管理番号に対するコード体系の例である．

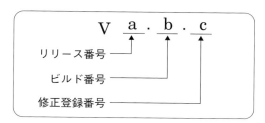

図 9.15　プログラムバージョン管理番号体系の一例

変更管理手順の定義は，開発途中で発生する生産物への変更に対して，変更の申請・決定・登録の正式な手順を明確にする．この手順では

① 誰が変更の決定に関わるか（CCB）
② 誰が変更を行うか（ライブラリアン）
③ 誰に変更を通知されるべきか
④ 変更に関わる何を記録すべきか
⑤ 変更管理に利用するツールとその運用方法

が明確になっていなければならない．

CCB：
Configuration
Control Board

**(b) ドキュメントとプログラムの変更制御**

**変更の制御**は，開発あるいは保守の対象となる生産物への変更要請を，上記変更管理手順に従い実際に処理を行う．ここでは，**CCB**とライブラリアンが重要な役割を果たす．

CCB は，変更の影響が及ぶグループの代表者で構成され，変更要請に対して承認を与える．これは，変更が及ぼす悪影響を未然にチェックするためである．

**ライブラリアン**は，プロジェクト生産物データベースと呼ばれる構成管理対象のリポジトリの管理者であり，リポジトリへの変更生産物の登録（**チェックイン**）と，逆に変更のために開発者への貸出し（**チェックアウト**）を行う．チェックインの際，バージョン管理番号，変更理由，日付，変更者，リリース情報，プログラム構成情報などの変更履歴情報も合せて登録することで，蓄積・検索を可能とする．ライブラリアンという専任者をおくことで，開発者の作業

負荷が軽減し，変更手続きが効率化される．プログラムに対する変更制御では，特定のライブラリアンを置かず，**バージョン管理ツール**＊1 を利用して開発者自身が行うケースが多い．

*1
・Git
・ClearCase™
・Subversion™
・Visual Source Safe™
など

**(c) ドキュメントとプログラムの構成制御**

ドキュメントとプログラムの対応，不具合修正情報とプログラム／ドキュメントとの対応，プログラムのビルド構成など，構成の一貫性を保持する．プログラムのビルド構成の管理では

① ソースコードから実行形式ファイルまでの時間依存関係から効率的なビルド手順を生成するツール＊2

*2 UNIX 上の make とその傍流など．

② ソース・オブジェクトコードからモジュール呼出し関係を分析し，ビルド構成を生成するツール

が利用されている．

## ■9.5 ソフトウェア開発組織能力の査定と改善

ソフトウェア開発の納期遅れと低品質は，ユーザ側にとっても非常に大きな損失を与える．ユーザが発注先企業の選択を行う際，そのソフトウェア開発力を客観的な尺度で知ることができれば，能力のない企業へ発注してしまうリスクを減らすことができる．また，こうした尺度の導入は，各企業の開発能力向上への自主努力を促す効果を生むため，業界全体の技術レベルの向上が期待できる．

能力成熟度モデル統合（CMMI：Software Capability Maturity Model Integration）および品質マネジメントシステム ISO 9001 はともに，こうした組織の開発管理能力に対する客観的な規準を提供するものである．

### ■1. 能力成熟度モデル

*3 CMMI は開発（CMMI-DEV），調達，サービスの3つのモデルを持つが，ここでは簡単のため開発のみをさすものとする．

能力成熟度モデル統合（CMMI）＊3 とは，開発組織のもつ能力を査定しさらに改善していくための枠組みである．CMMI の前身である SW-CMM（ソフトウェア能力成熟度モデル）は，元々米国国防省が大規模ソフトウェアシステムの調達先を選定するために，開発組織のもつソフトウェア開発能力を査定する方法として 1980 年

代後半からスタートし，システム開発や調達などに拡張されてきた．CMMI の開発と改良は，現在までカーネギーメロン大学/SEI (Software Engineering Institute) が中心となって行ってきている．

CMMI は，組織能力の査定を行う部分と，その組織の能力を段階的に改善していくための改善目標を提供する．

### (a) モデルプロセスと組織能力の査定

CMMI は，「プロジェクト計画の策定」「要件管理」など 22 のプロセス領域を持ち，それぞれについて業界における開発組織の最善の実践を集めて記述したモデルプロセスの集合である．

CMMI では，組織の能力を，表 9.5 に示すような 5 段階の成熟度レベルで表すようにしている．これは，組織成熟度の改善は，一気に達成できるものではなく，段階を踏んで行わなければならないことを主張するためである．

22 個のプロセス領域は，図 9.16 に示すように，表 9.5 のレベル 5 と対応づけられている．ある組織がどのレベルに相当するかは，そのレベル以下の対応するプロセス領域を対象として，各プロセス領域のモデルプロセスが示す組織能力の基準を満たしているかどうかによって判定される．例えば，レベル 3 ならば，レベル 2 と 3 に関連づけられた 18 個のプロセス領域が対象となる．

CMMI による査定は，リードアセッサ（リードアプレイザ）と呼ばれる有資格者が行う必要がある．開発組織の査定対象レベルに必要とされる各プロセス領域（図 9.16）に関して，作業者や管理者へのインタビューと，作業で作られた成果物を確認し，基準を満たしているかどうかを判断する．

### (b) IDEAL モデル

IDEAL：
Initiating–
Diagnosing–
Establishing–
Acting–Learning

CMU/SEI は，プロセス改善活動の枠組みとして，IDEAL モデルを提供している．IDEAL モデルを図 9.17 に示す．

IDEAL モデルは，次のステップにより改善活動の流れを説明している．

① **改善開始段階**

改善活動のベースを築く．組織のビジネスの目的を明確にし，リソースを確保する．

② **継続的改善段階**

表9.5　CMMIにおける5段階の組織成熟度

| | レベル1<br>初期 | レベル2<br>管理された | レベル3<br>定義された | レベル4<br>定量的に管理された | レベル5<br>最適化された |
|---|---|---|---|---|---|
| 全般<br>(満足条件) | なし | プロジェクトは，文書化された計画に基づき規律をもって進めることができる | プロジェクトは，組織の標準プロセスを使って実施．組織的なプロセス改善，訓練がなされている | ビジネス目標にとって重要なプロセスが定量的に把握され，統計的な予測に基づく管理ができる | ビジネス目標の達成に向け，プロセス実績に対し，定量的な把握に基づく継続した改善を実施できる |
| 見積り | 勘による | 前回の開発から推測する | 組織に蓄えられたプロジェクトデータを見積りに使う | 過去のデータとモデルを用いた手法 | すべてのレベルで生産性と品質目標を最適化するために，開発標準・プロセス・ツールなどの見直しが行われている |
| 計画 | 存在しないか，短絡的で内容に整合性がない | 前回の開発から開発工数，スケジュール，品質目標を設定する | 過去のプロジェクトデータを参考にし，定められた手順に従って作成される | レベル3相当 | |
| 管理 | カオス的 | 目標逸脱をもって対処する（イベント駆動型） | 予測に基づく対処行動 | 数学的モデルに基づく統計的管理 | |
| 開発標準 | 存在しないか，短絡的で内容に整合性がない | プロジェクト内で存在 | 組織に存在し，各プロジェクトはあつらえて使う | レベル3相当 | |
| 開発ツール | 個人の好みで使用 | プロジェクト内で共通に利用 | 組織で標準的な用意されている | レベル3相当 | |
| プロジェクトの成否 | 個人の好みで使用能力と努力に依存 | 前回とあまり変わらない開発の場合，成功の確率が高い | プロジェクトDBに，類似のプロジェクトが存在すれば成功の確率が高い | モデルに基づくためレベル3より，変化に適応しやすい | 新しいタイプのプロジェクトなど状況に変化に柔軟性高く対応できる |

以下の4段階を，上記目的を達成するまで反復する．

- **診断段階**：現在の組織状況を診断し，組織の強みと弱みを把握し，改善活動により組織の目指す方向を設定する．
- **計画確立段階**：目標に到達するための具体的な計画を作成する．
- **実践段階**：計画に従って改善活動を実践する．
- **学習段階**：経験から学ぶ．新しい技術に対する将来の組織の

9.5 ソフトウェア開発組織能力の査定と改善

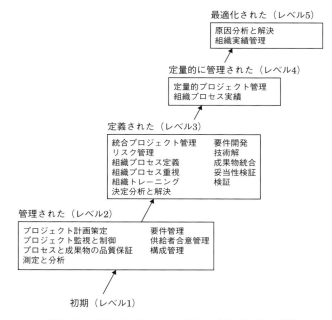

図 9.16　CMMI のレベル 5 と対応するプロセス領域

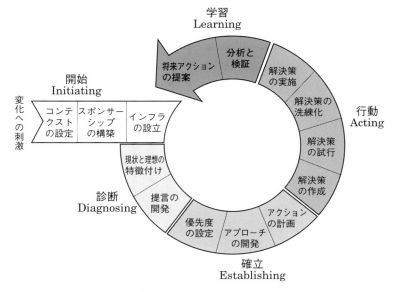

図 9.17　IDEAL モデル

対応能力を改善する．

## 2. CMMIとISO/IEC 15504

ISO/IEC 15504は，プロセスアセスメントモデルの枠組みを提供する国際標準である．ISO/IEC 15504は，プロセスアセスメントモデルの**遵守事項**を定めた参照モデルに対応する部分（Part 2）と，プロセスアセスメントモデルの例（**SPICE**）を指定した部分（Part 5）などからなる．ISO/IEC 15504（Part 2）は，CMMIの同規格に対する準拠性を考慮して作成されている．

SPICE：
Software Process Improvement and Capability dEtermination

## 3. ソフトウェアプロセスに関する品質標準：ISO 9001

ISO 9001は，ある組織が，品質管理の仕組み（品質マネジメントシステム）を確立し，文書化し，実施し，有効性を継続的に改善できるために必要な要求事項をまとめた規格である．

ISO 9001は，標準手順の規定と遵守を組織全体で行っていることを求めている．ISO 9001における査定では，CMMIと異なり**外部監査**という形式しか許していない．ISO 9001による外部監査は，監査対象組織内において，ソフトウェア製品の品質保証行ううえでの組織内の役割と手順が文書で明確に定義されそれらが確実に実施されていることをチェックする．その意味でCMMIのレベル3に相当する．

CMMIとISO 9001の違いをメディカルチェックに例えると，ISO 9001の場合は，血圧や血糖値など検査項目が一定の基準を満たすかどうかを機械的にチェックし，健康であるかそうでないかのみを診断する．一方，CMMIの場合は，決められた成人病の特定要件に従う検査により，成人病の進行度は今どのレベルにあるかを診断し，そのうえで問題点を指摘して治療のための行動目標を提示する．検査と治療は，目標レベルに到達するまで繰り返される．

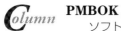
## PMBOK

　ソフトウェア開発だけでなく，政府や企業などで新しい物・サービスを開発する活動は，一般にプロジェクトと呼ばれる．その成否をコントロールするプロジェクトマネジメントの重要性は近年，急速に認識されつつあり，技術の体系化が進んできている．PMI（Project Management Institute）が発行するPMBOK（Project Management Body of Knowledge）は，そうした流れの本流に位置付けられる．

　PMBOKでは，プロジェクトを，次のような性格を持つ活動としている．
- ・初めと終わりがある（有期性）．
- ・新しいサービスあるいは成果物を創出する（独自性）．
- ・計画・遂行・管理される．
- ・人により遂行される．

　ちなみにPMBOKでは，プロジェクトマネジメントを「プロジェクト管理」としてではなく「プロジェクト経営」の意味で用いている．

　PMBOKでは，プロジェクトマネジメント技術を10の知識エリアにまとめ，さらに一般的なマネジメント知識・手法を，10の知識エリアを実践するうえで基礎的なものと位置付けている．PMBOKのこれらの知識エリアは，ソフトウェア開発にもそのまま当てはまるものである．図9.18に，PMBOKおける10のプロジェク

| 統合マネジメント | コストマネジメント | リスクマネジメント |
|---|---|---|
| プロジェクト憲章作成<br>プロジェクトマネジメント計画書作成<br>プロジェクト作業の指示・マネジメント<br>プロジェクト作業の監視・コントロール<br>統合変更管理<br>プロジェクトやフェーズの終結 | コストマネジメント計画<br>コスト見積り<br>予算設定<br>コストコントロール | リスク特定<br>定性的リスク分析<br>定量的リスク分析<br>リスク対応計画<br>リスクコントロール |

| スコープマネジメント | コミュニケーションマネジメント | 調達マネジメント |
|---|---|---|
| スコープマネジメント計画<br>要求事項収集<br>スコープ定義<br>WBS作成<br>スコープ妥当性確認<br>スコープコントロール | コミュニケーションマネジメント計画<br>コミュニケーションマネジメント<br>コミュニケーションコントロール | 調達マネジメント計画<br>調達実行<br>調達コントロール<br>調達終結 |

| | 品質マネジメント | |
|---|---|---|
| | 品質マネジメント計画<br>品質保証<br>品質コントロール | |

| タイムマネジメント | 人的資源マネジメント | ステークホルダーマネジメント |
|---|---|---|
| タイムマネジメント計画<br>アクティビティ定義<br>アクティビティ順序設定<br>アクティビティ資源見積り<br>アクティビティ所要時間見積り<br>スケジュール作成<br>スケジュールコントロール | 人的資源マネジメント計画<br>プロジェクトチーム編成<br>プロジェクトチーム育成<br>プロジェクトチームのマネジメント | ステークホルダー特定<br>ステークホルダーマネジメント計画<br>ステークホルダーエンゲージ面とマネジメント<br>ステークホルダーエンゲージメントコントロール |

図9.18　PMBOK（第5版）における10のプロジェクトマネジメントの知識エリアとプロセス

トマネジメントの知識エリアとその構成要素について示す.

　PMIが認定する, PMP (Project Management Professional) は, 個人のプロジェクト遂行能力を評定するための資格試験であり, 企業においてこうした能力はますます需要が増えていくと予想される.

### 演習問題

問1　なぜプロジェクト管理が必要なのか, そのポイントを記述せよ.

問2　ソフトウェア構成管理は何を管理するのか, またその必要性を述べよ.

問3　ISO 9001とCMMIの違いについて簡潔に述べよ.

問4　品質管理の2つのタイプとは何かを述べよ.

問5　検査を開発とは独立した組織で行ったほうがよいとされる理由を述べよ.

# 第10章 ソフトウェア開発規模と工数見積り

　ソフトウェアの開発の計画段階においては，開発対象の規模とその規模をもとにした工数を見積もる．規模と工数をもとに，開発コストの算出，開発スケジュールの設定，開発要員の確保が行われる．ソフトウェア開発規模と工数は，設計が進んだ段階においても見積もられ，開発工数の進捗管理に活用される．さらに，規模と工数は開発完了時に算出され，次の開発プロジェクトへの改善に活用される．

　本章では，ソフトウェア開発規模と工数見積りの方法を説明する．

## ■ 10.1　ソフトウェア開発における見積り

　ソフトウェア開発規模と工数見積りの関係を図 10.1 に示す．

　開発規模は，ソフトウェアの要件と過去のデータをもとに，各種技法を使って見積もり，この値を工数に変換して経験や過去の実績データと比較して妥当な工数値を算出する．

　ソフトウェア開発規模は，ソフトウェアの特性，使用する言語の種類などに依存し，開発する人間的要員にも影響を受けやすい．そのため，見積りには一定の尺度がなく，経験が必要となる場合が多

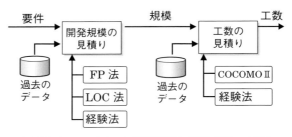

図 10.1　ソフトウェア開発規模と工数見積りの関係

SLOC：Source Line of Code

*1 ソフトウェアの規模は LOC に比例するという考え方による算出法.

*2 Man-Month または Person-Month

い．従来，ソフトウェアの規模の算出にはソースコードの行数，いわゆる SLOC を尺度とした **LOC 法**[*1] が用いられている．

一方，ソフトウェアの再利用やパッケージソフトの活用が進むにつれて，規模と LOC の関係が合わないケースが出るようになった．これに対応するため，ソフトウェアの持つ機能により規模の大小を表す方法が考案された．その代表的な方法が，**ファンクションポイント法（FP 法）**である．

開発工数は，開発に要する人間の作業量を人数と期間の積で表したものである．工数の単位は通常，人月[*2]値，すなわち 1 人の人間が 1 か月間に作業する時間で表される．例えば，10 人月は 2 人で 5 か月，または 5 人で 2 か月を要する工数である．工数は，計画段階・設計段階で見積もられ，プロジェクトの完了時に実績データが算出される．

以降では，開発規模見積りによく用いられる LOC 法，ファンクションポイント法，および工数見積りの COCOMO，COCOMO II について説明する．

## ■ 10.2　LOC法

KLOC：Kilo Line Of Code

　LOC 法は，ソースコード行数によりソフトウェアの規模を直接見積もる方法である．直感的に規模を把握できることから，実際によく使用されている．1 000 行単位で規模を表すときには，KLOC を用いる．

## 10.2 LOC法

　LOC法では，過去の開発経験や蓄積データ，類似のソフトウェアと比較し，その要求機能と想定される実装構造の差異により類推してLOCを算出する．開発に使用されるプログラミング言語には，アセンブリ言語やCOBOL，Fortran，C，BASIC，Javaなど多種多様なものがあり，当然それぞれの言語によって1行の重みが異なるが，LOC法ではあくまで1行は1行として規模尺度としている．

　さらに1行の重みは，同言語であってもソースコードの行の種類，作成方法によって異なるため，適用に対して見積り時のルールが決められている．ソースコードの行の種類には，命令実行行，データ宣言行，マクロ命令行，コメント行，空白行などがあるが，コメント行，空白行はカウントしない．高位言語では，物理的な1行に論理的な複数行が含まれたり，1つの論理文が複数の物理文にまたがることもある．これらの計測には，ルールに基づいたカウント値を係数として乗じている．また，ソースコードの作成方法には，新規に作成する場合やコンバータやジェネレータによって生成される場合，および既存のソースコードをそのまま再利用したり，改造して再利用する場合などがある．これらの場合にも，計測時にルールによって係数を乗じている．

　ソフトウェア開発プロジェクトでは通常，システムは複数のサブシステムに，さらにサブシステムは複数のプログラムに分解され開発される．ある開発プロジェクトのソフトウェア規模開発をLOCによって見積もる手順の例を図10.2に示す．図において，全プログラムのLOCの和が開発プロジェクトのソフトウェアのLOC見積りとなる．

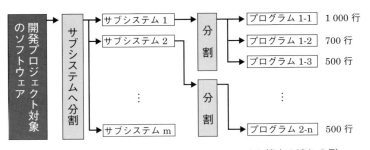

図10.2　開発プロジェクトソフトウェアのLOC算出の流れの例

LOC法は，見積りが簡単で，コンピュータによって直接カウントできるため従来からよく使われているが，次のような課題がある．

① LOCはプログラミング言語に依存しており，言語の種類によって見積りに差異が生じる．特に，高位言語によっては1行1命令にならないため，見積り値が異なってくる．
② プログラム作成者の経験，能力に大きく左右される．よく練り上げられた品質の高いソースコードの行数は，同じ機能を実現していても一般に短いため，低く見積もられてしまうことになる．
③ パッケージソフトウェアなどを利用して作成するソフトウェアに適用するのが難しい．
④ 仕様の分析や設計を経ないで見積りを行っている．

## ■10.3 ファンクションポイント法

### ■1. ファンクションポイント法とは

ファンクションポイント: Function Point (FP)

ファンクションポイント法（FP法）は，開発するソフトウェアの規模をその機能数（これを**ファンクションポイント**と呼ぶ）で計測する方法であり，機能を画面入出力，帳票出力，ファイルアクセス，外部インタフェースとのやり取りなどの数で測る．すなわちFP法は，入出力の数や処理するファイルの数をカウントすることによりソフトウェア規模をFP値で表す間接的な計測方法で，ユーザ側から見た機能によって規模を見積もる考え方である．この方法は，1970年代後半にIBM社のAllan J. Albrechtによって提唱された．近年，この方法の普及を目的とするIFPUGやJPUGが設立され，現場のフィードバックを吸収し，実用的内容に改訂されてきている．

IFPUG: International Function Point User Group

JFPUG: Japan Function Point User Group

FP法には次のような特徴がある．

① ユーザの視点に立った機能量により見積もるため，開発手法やプログラミング言語に依存しない．
② 機能要件と規模見積り結果との対応が理解しやすいため，開発初期段階から適用できる．

③　事務処理用ソフトウェアの機能には，画面入出力，帳票出力が多く含まれ，画面，帳票の中のデータ項目はデータベースへのアクセスによるものが多いため，FP法の適用性が高い．

## 2. ファンクションポイント法による見積り

FP法では，ソフトウェア機能を図10.3に示すように，外部入力（EI），外部出力（EO），外部照会（EQ），内部論理ファイル（ILF），および外部インタフェースファイル（EIF）の5つの機能タイプに分類する．それぞれの機能タイプの内容を表10.1に示す．

外部入力は画面や他システムからの入力データの処理と内部論理ファイルの更新機能であり，外部出力は内部論理ファイルを処理して画面や外部へ出力機する能である．外部照会は内部論理ファイル

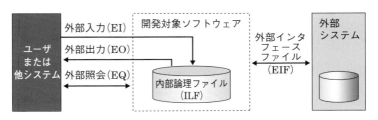

図10.3　FP法におけるソフトウェア機能の5つのタイプ

表10.1　5つの機能タイプの内容

| 機能タイプ | 内　容 |
|---|---|
| 外部入力<br>（EI） | 外部から入力されるデータをもとにして，内部論理ファイルを更新する．データやロジックが異なれば，別々にカウントする |
| 外部出力<br>（EO） | 内部論理ファイルを加工処理して外部に出力する．加工処理で新たなデータ項目が導出される |
| 外部照会<br>（EQ） | 外部からの入力により，内部論理ファイルを編集して外部に出力する．新たなデータ項目は導出されない |
| 内部論理<br>ファイル<br>（ILF） | ユーザが識別可能な論理的ファイル．各種マスタファイルがこれにあたる．当該ソフトウェアが保守管理の責任を持つ |
| 外部インタ<br>フェースフ<br>ァイル（EIF） | 当該ソフトウェアが参照する外部のファイル．他のアプリケーションで保守管理されている |

の更新を伴わない参照のみの機能である．内部論理ファイルは開発対象ソフトウェアが持っているファイルで，例えば商品マスタ，顧客マスタ，在庫マスタなどである．外部インタフェースファイルは外部のファイルを参照する機能である．

FP 法による規模見積りの手順を図 10.4 に示す．以下，図 10.4 をもとに説明する．

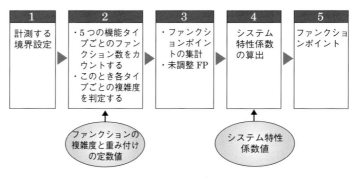

図 10.4　ファンクションポイント算出手順

① **計測する境界の設定**：はじめに，計測対象のソフトウェアの範囲と外部との境界を設定する．
② **機能タイプごとのユーザ機能数のカウントと複雑度判定**：計測対象ソフトウェアに対して，5 つの機能タイプごとのユーザ機能をカウントする．そのユーザ機能ごとに複雑度を判定する．この複雑度は，表 10.2 に示すようにユーザ機能が参照したファイル種別とユーザ機能が処理するデータ項目数の交点から求める．
③ **未調整 FP の計算**：5 つの機能タイプのカウント数を複雑度に対応した係数を乗じて，5 つの機能タイプごとの FP を算出し，その合計である未調整 FP を算出する．具体的には，表 10.3 の□にユーザ機能数を代入して求めた $C$ の和が未調整 FP である．
④ **システム特性係数の計算**：システム特性係数は次の式で与えられる．
　　システム特性係数 $= 0.65 + (0.01 \times T)$

表10.2 5つの機能タイプの複雑度マトリックス

■外部入力（EI）

| 参照した<br>ファイル種別 | データ項目数 | | |
|---|---|---|---|
| | 1〜4 | 5〜15 | 16〜 |
| <2 | S | S | M |
| 2 | S | M | C |
| >2 | M | C | C |

■外部出力（EO），外部照会（EQ）

| 参照した<br>ファイル種別 | データ項目数 | | |
|---|---|---|---|
| | 1〜5 | 6〜19 | 20〜 |
| <2 | S | S | M |
| 2 | S | M | C |
| >2 | M | C | C |

■外部照会（EQ）の入力側

| 参照した<br>ファイル種別 | データ項目数 | | |
|---|---|---|---|
| | 1〜4 | 5〜15 | 16〜 |
| <2 | S | S | M |
| 2 | S | M | C |
| >2 | M | C | C |

■外部照会（EQ）の出力側

| 参照した<br>ファイル種別 | データ項目数 | | |
|---|---|---|---|
| | 1〜5 | 6〜19 | 20〜 |
| <2 | S | S | M |
| 2 | S | M | C |
| >2 | M | C | C |

■内部論理ファイル（ILF）
　外部インタフェースファイル（EIF）

| 参照した<br>ファイル種別 | データ項目数 | | |
|---|---|---|---|
| | 1〜19 | 20〜50 | 51〜 |
| <2 | S | S | M |
| 2 | S | M | C |
| >2 | M | C | C |

S：単純
M：平均
C：複雑

表10.3 機能タイプ，複雑度別の重み付け係数と未調整FP算出

| 機能タイプ | 複雑度 | | | 計 |
|---|---|---|---|---|
| | 単純 | 平均 | 複雑 | |
| 外部入力（EI） | □×3 + | □×4 + | □×6 | $= C_1$ |
| 外部出力（EO） | □×4 + | □×5 + | □×7 | $= C_2$ |
| 内部ファイル（ILF） | □×7 + | □×10 + | □×15 | $= C_3$ |
| 外部インタフェースファイル（EIF） | □×5 + | □×7 + | □×10 | $= C_4$ |
| 外部照会（EQ） | □×3 + | □×4 + | □×6 | $= C_5$ |
| 未調整FPの合計：$C_1 + C_2 + C_3 + C_4 + C_5$ | | | | |

ここで $T$ は，開発対象のソフトウェアが動作するシステムの環境特定がソフトウェアの機能に与える影響度を示すもので，表10.4のように表される．システム特性係数は，最小値 0.65（$T_i$ がすべて0）のときと最大値 1.35（$T_i$ がすべて5）の

表 10.4　システム特性の影響度

| システム特性 | 影響度 0〜5 | システム特性 | 影響度 0〜5 |
|---|---|---|---|
| オンライン処理の度合 | $T_1$ | マスタファイルのオンライン | $T_8$ |
| 分散処理の度合 | $T_2$ | 更新処理の複雑度合 | $T_9$ |
| 性能重要度合 | $T_3$ | プログラムの再利用性の考慮度合 | $T_{10}$ |
| ハードウェア制約の大小 | $T_4$ | 導入の容易性の度合 | $T_{11}$ |
| トランザクション発生率 | $T_5$ | 運用の容易性 | $T_{12}$ |
| オンラインデータ入力使用度 | $T_6$ | 複数拠点への導入容易性 | $T_{13}$ |
| エンドユーザ作業効率考慮の度合 | $T_7$ | 変更の容易性 | $T_{14}$ |

$T = T_1+T_2+T_3+\cdots+T_{14}$ （$T$ の最小値 0，最大値 70）

ときの範囲となる．

⑤　**FP の算出**：求める FP は，（未調整 FP）×（システム特性係数）で表される．

## 3. ファンクションポイント法の課題

FP 法には 10.3 節 1 項で述べたような特長があるが，その一方で次のような課題がある．

① 　制御・通信・技術計算ソフトウェアなどは，前述の 5 つの機能に分類できないため適用が難しい．

② 　システム特性係数算出における影響度判定には主観的要素が入り，また複雑度の判定には経験を要するため，計測する人によって値が異なる可能性がある．

③ 　計測するソフトウェアの範囲と外部との境界設定が適切でない場合やサブシステムの分け方が妥当でない場合には，二重にカウントしてしまう部分が生じる．

## 4. ファンクションポイントと LOC との変換

FP とソースコード量との比率が，各種の言語について実測データの分析により求められている[*]．これとともに主な言語に対して，1 ファンクションあたりの LOC を示したものが表 10.5 である．この表は，C の 1 LOC はアセンブラ言語の 1 LOC の約 2.5 倍，表計算ソフトウェアは C の約 20 倍の機能記述を持つことを表している．また，この表は規模を FP 法と LOC 法の両方で見積もった場合の

[*] 出典
Capers Jones, "Applied Software Measurement: Assuring Productivity and Quality, 2nd Edition", McGraw-Hill, 1997
（邦訳；鶴保征城，富野寿監訳：ソフトウェア開発の定量化手法，共立出版，1998）

表 10.5 主な言語対応の FP と LOC の関係

| プログラミング言語 | 1FP あたりの LOC（最頻値） |
|---|---|
| アセンブラ言語 | 320 |
| C | 128 |
| COBOL | 105 |
| Fortran | 105 |
| Pascal | 91 |
| BASIC | 64 |
| オブジェクト指向言語 | 30 |
| 表計算ソフトウェア | 6 |

比較検討の参考になる．

## 10.4 工数見積り

### 1. 工数見積りの各種の方法

開発するソフトウェアの規模は，ソフトウェアの仕様に基づく LOC 法や FP 法などによって計測されるが，そのソフトウェアの開発工数は，規模および開発プロジェクトの内容に影響される．

工数見積りにも，以下に示すようないくつかの技法がある．実際には，これらの技法で見積った値を比較検討して求める．

**(a) 類推法**

過去に行った類似のプロジェクトの実績データをもとに類推し，開発対象プロジェクトの工数を見積もる方法で，同じ条件の類似プロジェクトがあれば見積り精度は上がる．主として計画段階での概算工数の見積りに使用される．

**(b) 積上げ法**

開発プロジェクトで必要とされる 1 つ 1 つの作業を取り出し，各作業単位ごとに工数を見積り，それらを合計して全体の工数とする．外部設計の段階で入出力画面や帳票の種類がほぼ決まれば，これらを作業の単位にすることができる．

**(c) 標準タスク法**

開発に必要な 1 つ 1 つの作業をあらかじめ標準タスクとして設定し，標準タスクごとに作業の規模や複雑度を考慮して工数を決めて

おく．開発プロジェクトで必要とされる作業を標準タスクの集まりに分類し，これらの集計により工数を見積もる．

### (d) COCOMO と COCOMO II

COCOMO：
Constructive
Cost Model

COCOMO は，LOC で表されるソフトウェア規模から開発工数と開発期間を算出する方法である．COCOMO II は，COCOMO を改善したものである．

以降では，COCOMO，COCOMO II を説明する．

## 2. COCOMO

COCOMO は，1981 年ベーム（Boehm）によって提案された工数見積りモデルで，数十個の開発プロジェクトの実績データをもとにしている．COCOMO では，開発するソフトウェアの規模を

KLOC：kilo LOC

KLOC で表し，次のモデル式から開発工数と開発期間を算出する．

$$E = a \times \text{KLOC}^b \times f$$
$$D = c \times E^d$$

ここで，$E$：開発工数〔人月〕，$D$：開発期間〔月〕，$a, b, c, d$：係数，$f$：影響要因である．

COCOMO では，開発のどの時点で，どの単位で見積りを行うかによってモデルを 3 種に分け，さらに各モデルを開発形態の違いにより 3 つの開発モードに分けて，モデル式の係数を設定している．

### (a) 見積り単位による分類

① **基本 COCOMO**：主として，LOC だけから工数を算出する単一変数モデル．開発初期の段階で見積もるときに使用する．

② **中間 COCOMO**：要求仕様が決まり，全体システムをいくつかのコンポーネントに分割できる段階で各コンポーネントごとに工数を見積り，その合計を算出する．この値に影響要因を乗じて全体システムの工数とする．

③ **詳細 COCOMO**：設計が進み，開発ソフトウェアの構造が確定した時点での見積りに使用する．開発ソフトウェアを，システム，サブシステム，モジュールの 3 段階の単位に分け，それぞれ影響要因を乗じて見積もる．

### (b) 開発モードによる分類

① **組織モード**：レベルの高い少人数の開発チームで特定のソフ

トウェアを開発する場合の開発モード．
② **組込みモード**：稼働条件の厳しい大規模なリアルタイムシステムのようなソフトウェア開発を，大人数の開発プロジェクトで行う場合の開発モード．
③ **半組込みモード**：組織モードと組込みモードの中間的な形態の開発モード．一般の事務処理システムなど，多くの開発形態はこれにあたる．

以上のようにCOCOMOは，基本，中間，詳細COCOMOの3つのモデル，さらにそれぞれが開発モードの違いによって3つに分かれ，計9種のモデルがある．それぞれのモデルにより，モデル式の係数，影響要因値が異なるが，このうち基本COCOMOの半組込みモードの場合は，次のようになる．

開発工数 $E = 3.0 \times \mathrm{KLOC}^{1.12}$
開発期間 $D = 2.5 \times E^{0.35}$

## 3. COCOMO II

COCOMO IIは，コンピュータシステムにおけるクライアントサーバ方式の発展，およびプロトタイプモデル，スパイラルモデルによるソフトウェア開発方式の進展に対応するものとして，1997年にCOCOMOの提唱者ベームや南カリフォルニア大学，賛同する企業からなるチームによって開発された．

COCOMO IIは，開発規模の見積りと開発コストの要因になるコスト係数から工数を見積もるモデルである．開発規模としてファンクションポイントやオブジェクトポイントを用いる．コスト係数は，製品の複雑性，要求されるソフトウェア信頼性のレベル，プログラマの能力や開発環境などによって決められる．

COCOMO IIは，表10.6に示すように，工数見積りのモデルを開発の段階に応じてアプリケーション組立モデル，初期設計モデル，ポストアーキテクチャモデルの3つに分け，ソフトウェアの開発段階および開発分野に応じて工数を見積もる．

① **アプリケーション組立モデル**：要求分析の段階で，プロトタイピングを行いつつ見積りを行う場合に適用する．算出のデータにはオブジェクトポイント\*を用いる．アプリケーション組

\*オブジェクトポイントは，オブジェクト指向プログラミングのオブジェクトの概念と類似しており，アプリケーションに対応した画面やレポートの数に開発者の経験度などの重みを付けて計算する．

表10.6 3つのモデルの内容

|  | アプリケーション組立モデル | 初期設計モデル | ポストアーキテクチャモデル |
|---|---|---|---|
| 特徴と適用 | ・コンポーネント活用による比較的少人数による開発<br>・プロトタイピング段階<br>・規模と工数は比例 | 大規模システム初期設計段階 | 外部設計が済んだ段階 |
| 工数算出の元データ | オブジェクトポイント | FP, KLOC | FP, KLOC |

立モデルの開発工数と開発期間は,オブジェクトポイントに比例するモデル式を用いる.

② **初期設計モデル**:大規模システムの初期設計の段階で適用する.算出のデータには,要求仕様から算出するFP, KLOCを用いる.

③ **ポストアーキテクチャモデル**:外部設計が済み,詳細な工数見積りが可能となる.算出のデータとしては,FP, KLOCを用いる.

初期設計モデルとポストアーキテクチャモデルの開発工数は,次のモデル式によって算出する.

$$PM = a \times \text{Size}^B \times \prod_{i}^{n} \text{EM}^i$$

PM:見積り工数〔人月〕
Size:ソフトウェアの規模をKLOC数で表す
EM:コスト要因の係数

ここで,SizeはFPの値を表10.5のような関係によってKLOCに変換することができる.また,Bは次の式で表される.

$$B = b \times \sum_{i=1}^{5} W_i$$

$W_i$ は開発内容・開発体制レベルのスケール誘因によって決まる.EMは,開発システムに要求される環境条件や開発者の能力を示す要因で,コスト誘因と呼ばれる.

次に，開発期間は次の式で表される．

$$T = c \times \mathrm{PM}^d \times \frac{\%\mathrm{SCED}}{100}$$

ここで，SCED はコスト誘因の開発スケジュール要求を表す．
また，$a, b, c, d$ は，いずれも定数を表す．

## 演習問題

**問1** ソフトウェア開発規模の見積り方法のうち，LOC 法と FP 法を比較し，相違を述べよ．

**問2** FP 法による見積り手順を述べよ．

**問3** 工数見積り法である COCOMO II の特徴を述べよ．

# 演習問題略解

## ■第1章　ソフトウェアの性質と開発の課題

**問1**
- 実態がつかみにくい．その理由は，ソフトウェアの開発工程や成果物がハードウェアのように物理的な形状で把握でき難いからである．したがって，開発工程に工学的手法を取り入れて見える化を図るとともに，仕様書や設計書などのドキュメントをしっかり作ることが重要である．
- 運用と保守期間が長い．その理由は，ソフトウェアはそれを使っている業務が続く間運用され，その間，ソフトウェア保守，すなわち，使いやすさの向上や業務内容の一部変更に伴うソフトウェアの改良が行われるからである．ソフトウェアの保守は，開発者と異なる技術者が行うことが多いため，開発段階で作成された各種仕様書が保守用ドキュメントとして活用される．

**問2**　1.2節3項参照．

**問3**　ソフトウェアの規模が多くなると，増加したモジュール間のインタフェースに齟齬が生じやすくなる．また，開発に携わる技術者の人数も増え，コミュニケーションも取りにくくなる．このため設計や検査に多くの時間を要するとともに，市場での不具合発生のリスクも高くなる．したがって，ソフトウェア開発にあたっては，実績のある工学的手法を採用し，信頼性のあるソフトウェアを効率よく開発することが重要になる．

**問4**　1.5節2項参照．

**問5**
- 例1：洗濯機内蔵組込みソフトウェア機能の一部：「スタート」指示を検知して入水弁を開き，所定の水位になったら入水弁を閉じモータを回す．洗濯時間が経ったらモータを止め出水弁を開き，モータを回す．脱水時間が経ったらモータを止め終了する．
- 例2：ATM内蔵組込みソフトウェアの残金照会機能の一部：ユーザが入れたカードのIDコードとメニュー画面で指示した残金

照会のトランザクションコードをセンター計算機に送信して結果を待つ．結果を受信したら，残金額を画面に表示する．

## ■第2章　ソフトウェア開発プロセス

**問1**　2.3節1項参照．
**問2**　プロトタイピングは，ユーザインタフェースの確認やアルゴリズムの実現可能性の確認などを目的とする．
**問3**　スパイラルモデルは，要求の不確定さや実現の困難さなどリスクの高い部分から開発を進め，その解決とリスク再評価を行ってから次の計画に移って他の部分の開発を進める．これを繰り返して全体を開発する．このことにより，コスト高，工程遅れなどの回避策をとることができる．

## ■第3章　要求分析

**問1**　3.2節「要求分析における課題」にあげたように，以下の4項目が要求分析が難しい作業である理由である．
・ユーザ要求はあいまいなことが多い
・ユーザ要求は多様であることが多い
・ユーザと要求分析者間の相互理解が難しい
・ユーザ要求が変化することがある
**問2**　図3.4にあるように，ユーザは要求分析者に対して，開発ソフトウェアの目的，機能，性能，制約条件などの情報を，できるだけ正確に詳細に伝えることが求められている．さらに，ユーザは可能な限り，分析結果についての間違い指摘，詳細情報の追加提供やより良い代替案の提供などを行うことが大切である．
**問3**　いくつかのシナリオについて短期間で主としてユーザインタフェースに関連するソフトウェアを試作し，ユーザの検証・評価や試使用のフィードバックにより要求仕様を修正変更していくので，ユーザ要求の誤りを早い段階で修正することができるとともに，ユーザによる要求仕様の確認も実現できる．
**問4**　正当性は，顧客や利用者自身によって確認してもらうことになる．そのため，インタビューにおいてユーザから正しい要求を獲得することや，プロトタイピングにおいてユーザに試作プロトタイプ

の検証・評価を行ってもらうことにより要求仕様の正当性を確認することが重要である．

　非あいまい性については，自然言語を用いた場合にあいまい性が入り込みやすい．このため，要求モデル等を使ってあいまい性のある要求項目をあらかじめ洗い出しておき，インタビューにおいてユーザから収集することが重要である．また，プロトタイピングもあいまい性のある要求項目の確認に利用できるが，プロトタイプで表現し確認したかったことと，ユーザがプロトタイプで確認したと思っていることとに食い違いが生じることがあるので，プロトタイプで確認した要求事項を書き下しユーザに確認してもらうことが望ましい．

## ■第4章　ソフトウェア設計

**問1**　ソフトウェアは実体のないものであるが，建築物と同様に構造化されている．この構造の良否が機能や性能に直接影響することを考慮に入れ，一般の建築設計と同様に，一目で全体構造を見通すことができ，矛盾がないように設計することが重要である．また，構造設計について文書化することも重要で，わかりやすくシンプル，かつ誤解を生じない書き方を心掛ける必要がある．

**問2**　理由：著しいソフトウェアやハードウェアの発達により，開発環境や使用環境も大きく変化する．そのため，OS のバージョンアップや新しいハードウェアをサポートする必要が生じる．また，顧客も，使用環境が変化すると，それに伴って新規のデバイスや機能を要求してくる．さらに，ソフトウェアの開発が進んでくるとユーザインタフェースが明確になるため，仕様変更も要求してくる．

　解決策：これらの開発環境の変化や仕様変更に柔軟に対応するためには，機能の拡張性や，テーブル構造の変更の容易性を考慮した設計が重要である．また，オブジェクト指向設計や構造化設計などにより，適度な大きさのモジュールに分割をしておくとよい．さらに，モジュールも OS やハードウェアに依存している部分と汎用的な部分に分け，仕様変更をされる可能性がある部分をなるべく1箇所にコンパクトにまとめておく．

**問3**　プログラム開発において，全体を1つの大きなプログラムとすると，人間の処理能力を超えてしまい，内容の理解が困難となる．し

たがって，いくつかのモジュールに分割したほうが開発の効率も上がり，メンテナンスを行う場合も効果的である．また，大規模なプログラムはコンパイルする時間も多大なものとなるので，モジュール分割し，変更モジュールだけをコンパイルすればよいようにすると効率的である．

**問4** モジュール結合度は，互いのモジュール間のつながりを表す．互いのモジュール間のデータを相互に変更・アクセスする場合は，モジュール間での結合度が高く，相互依存している形となる．この場合，新しいモジュールを追加しようとすると，前の2つのモジュールの動作についても考慮してプログラムを開発する必要が生じる．

モジュール間の結合度が低い例として，オブジェクト指向モジュールがある．オブジェクト指向のモジュールの中身についてはブラックボックスとなっていることが前提で，メッセージを通してのみインタフェースを行っているので結合度は低い．

## 第5章　プログラミング

**問1** プログラム書法や作法は，そのプログラムを読む他人のためのものであり，また自分自身のためでもある．したがって，誰が見てもわかるように，シンプルに記述することが重要である．そのためには，プログラムにわかりやすいコメントを付し，特にプログラムの構造や複雑なアルゴリズムについては，詳しく記述しておく．また，なるべく言語処理系に依存しないプログラミングを心掛け，制御構造を利用してわかりやすくする．

**問2** プログラム構造やテーブル構造を明確にし，プログラミング時に見誤りやすい英数字の使用は避ける．また，変数名は意味のある名前として，実体と相違した名前の使用はしないようにし，かつプログラム全体で統一的な使用を心掛け，モジュール間の整合性を損なわないようにする．

**問3** プログラムの構造化を行わないと，上から下へと順に読み進めないことが多い．したがって，プログラミング誤りが多くなる可能性が増える．構造化を使用すると，プログラムは見やすくなり，繰返しの使用などにより効率化が図れ，プログラミング誤りを起こす可能性を減らすことができる．

## ■第6章　テストと保守

**問1**

| 技法カテゴリ | 技法内容 |
|---|---|
| テスト容易性考慮 | 計画，要求，設計，製造の各段階でテストが容易になるように品質を組み込むこと |
| テスト戦略 | テスト環境の準備 |
| テストケース設計 | 網羅性が高く，数の少ないテストケースを設計すること |
| テスト実行支援環境 | 実行と記録の自動化およびテストデータ再利用 |

**問2** テストプログラムの準備が容易であること，作業が並列にでき分担できること，プログラム製造スケジュールと整合していること，テストのためのリソース（作業者とコンピュータ環境など）利用が円滑であることなど．

**問3** 解答略

**問4** 意味のあるテストが比較的均一な時間間隔で行われていること，テストの各フェースで評価を閉じること，数値そのものを絶対視せず，試験実施状況や不具合分析を加味しトータルな評価を行うこと．

**問5** モジュール設計で独立性と結合性を考慮する．将来の変化を予測し，モジュール設計に入れ込む．ラッピング，デザインパターン，フレームワークなどの技法を用いる．設計書などのドキュメントを理解しやすく記述する．また，プログラムと差異が生じないように構成管理する．プログラムの可読性を上げるためコーディング規約を規定・実施するなど．

## ■第7章　オブジェクト指向

**問1** メッセージは，オブジェクト間の情報のやり取りや仕事の依頼である．オブジェクト側でメッセージを受ける口（メッセージインタフェース）がオペレーションであり，メソッドはメッセージを受けてオブジェクトが実行するオペレーションの具体的な実装である．

**問2**

**問3**

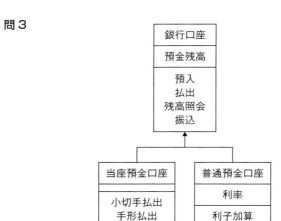

**問4**

| クラス名：銀行口座 ||
|---|---|
| 記述：個人の銀行に対する預金・引出しを記入・計算する場所 ||
| 役割・責任 | 協力クラス |
| 預金する | − |
| 引き出す | − |
| 振り込む | 銀行，銀行口座 |

**問5** 複合描画要素に対応するクラスとして，四角，楕円，折れ線に対する共通特性のくくり出し，多角形など具象クラスの追加に備えるため．

**問6**

```
void GroupDrawObject::draw(Coord x)
{
    list<DrawObject*>::iterator objItr;
    for (objItr = _children.begin(); objItr != 
        _children.end(); objItr++)
            if (*objItr)(*objItr) ->draw();
}
```

# 第8章 ソフトウェア再利用

**問1** 8.2節にあるように，以下の6項目である．
① 下位レベルの再利用は効果が小さい．
② 上位レベルの再利用での標準化が難しい．
③ 応用分野ごとに標準化が異なる．
④ ソフトウェア再利用の手法が未確立．
⑤ 余分な作業が発生し，再利用の効果が出ない．
⑥ 再利用ソフトウェアの品質が保証されない．

**問2** 8.1節にあるように，以下の4項目である．
① 再利用の効果は，2つ目以降の開発で大きく現れる．
② 組織構造などの非技術的アプローチが重要である．
③ 再利用されるソフトウェアの品質の判定が重要である．
④ 再利用効果の測定に基づく再利用レベルの向上が重要である．

**問3** フレームワークとは，カスタマイズ可能なようにソフトウェア部品を前もって組み立てた半完成品ソフトウェアである．フレームワークを用いたソフトウェア再利用では，従来の標準部品ソフトウェアを呼び出す方式に比べて，主要となるアルゴリズムや制御機構をそのまま再利用できるために，大きな再利用効果が期待できる．

**問4** 8.4節にあるように，以下の専門的な組織体制が必要である．
・ソフトウェア部品開発チーム
・ソフトウェア部品管理チーム
・再利用支援環境整備チーム
・再利用促進教育チーム

# 第9章 プロジェクト管理と品質管理

**問1** ソフトウェア開発におけるコスト損失のうち，リソース競合による作業の遅滞や，所定の品質の未達成によるやり直し作業が最も大きい．プロジェクト管理は，ソフトウェア開発に必要なあらゆる面に関して計画を立て，実態のモニタに基づく制御と，必要に応じた再計画を行う活動であり，これによってはじめて作業の遅滞や作業のやり直しを減らすことができる．

**問2** ドキュメントおよびプログラムの変更履歴，プログラムの構成，設計ドキュメント・テストケースなどとプログラムの間の関係を管

演習問題略解

理し，それらが一貫性を保つ手続きで行われるように統制する．構成管理によって，ドキュメントとプログラムとの不整合，プログラムのデグレードを防ぎ，複数人による開発のむだな作業を減らし，ソフトウェア全体の保守性を高めることができる．

**問3**

| | ISO 9001 | CMMI |
|---|---|---|
| 目的 | 組織のプロセス品質の保証（組織認定） | 組織のプロセス品質の査定と改善 |
| 査定者 | 外部監査（有資格者による） | 内部査定も可（リードアセッサ資格認定制度あり） |
| 査定内容 | プロセス項目に対し，内部規定を定めそれを遵守しているかどうかをエビデンスの有無によって判断する | プロセス項目に対し，その目的を組織システムがどの程度満たしているかを，インタビューとエビデンスによって判断する |
| 査定結果 | 適合／非適合 | Stagedモデル：5レベル<br>Continuousモデル：プロセスエリアごとの成熟度〔％〕 |
| プロセス改善 | なし | プロセス改善のための指針が示される |

**問4** 組込みタイプとテストタイプ

**問5** 開発組織は管理者に対して，自らの製造物に関する楽観的な品質報告を行う傾向があり，適切な品質管理を行うことができない．また，開発と検査を同じ組織で行うと，計画されたスケジュールを守ろうとする圧力により，検査品質を犠牲にしがちとなる．

## 第10章 ソフトウェア開発規模と工数見積り

**問1** LOC法は，プログラムのソースコードの行数によって規模を見積もる方法であり，直感的に規模を計算できるためよく使われている．しかし，LOC法は，プログラミング言語の種類やプログラマの経験，能力によって見積りに相違がでること，パッケージソフトウェアを利用した場合には適用しにくいことなどの課題があり，実際には経験的な補正を行って使う場合が多い．一方，FP法は，ユーザの視点に立った機能量によって見積もるため，プログラミング言語の種類やプログラマの経験に依存しない．特に，画面や帳票の入出力が多い事務処理用ソフトウェアには適用性が高い．しかし，

制御や技術計算分野では適用しにくいこと，システム特性係数算出には主観的要素が入りやすいなどの課題がある．

**問2** 10.3節2項の図10.4と説明文①―⑤参照．

**問3** COCOMO IIは，開発規模の見積りと開発コスト係数から工数を見積もるモデルである．過去のプロジェクトデータから構築された統計的なモデルである．COCOMOが開発規模としてソースコードの行数を用いているのに対して，COCOMO IIはファンクションポイントやオブジェクトポイントを用いることができる．さらに，開発のどの段階で工数の見積りを行うかにより，表10.3の3つのモデルを持っている．

# 参考文献

## ■第1章　ソフトウェアの性質と開発の課題

1) R. S. Pressman 著，飯塚悦功，西康晴監訳：「実践ソフトウェア工学第1，2，3分冊」，日科技連（2000）
2) Mint（経営情報研究会）：「図解でわかるソフトウェア開発のすべて─構造化手法からオブジェクト指向まで」，日本実業出版社（2000）
3) 河村一樹：「ソフトウェア工学入門（改訂新版）」，近代科学社（2003）
4) 阪田史郎，高田広章編著：「IT Text　組込みシステム」，オーム社（2006）

## ■第2章　ソフトウェア開発プロセス

1) S. L. Pfeeger 著，堀内泰輔訳：「ソフトウェア工学─理論と実践─」，ピアソン・エデュケーション（2001）
2) Mint（経営情報研究会）：「図解でわかるソフトウェア開発のすべて─構造化手法からオブジェクト指向まで」，日本実業出版社（2000）
3) 山田隆太：「SE の基本─この1冊ですべてわかる」，日本実業出版社（2009）

## ■第3章　要求分析

1) 三浦大亮，大久保秀典，岩丸良明，初瀬川茂：「情報システム講座〈1〉システムの企画と設計」，オーム社（1990）
2) D. C. ゴーズ，G. M. ワインバーグ著，黒田純一郎監訳，桝川志津子訳：「要求仕様の探検学─設計に先立つ品質の作り込み」，共立出版（1993）
3) P. Loucopoulos, V. Karakostas 著，富野壽監訳：「要求定義工学入門」，構造計画研究所（1997）
4) I. Sommerville, P. Sawyer 著，富野壽監訳：「要求定義工学プラクティスガイド」，構造計画研究所（2000）

5) 大西　淳, 郷健太郎:「要求工学―プロセスと環境トラック―」, 共立出版（2002）
6) 松本吉弘訳:「ソフトウェアエンジニアリング基礎知識体系―SWEBOK V3.0―」, オーム社（2014）

## ■第4章　ソフトウェア設計

1) 石井康雄:「ソフトウェア工学入門」, 日科技連（1989）
2) 河村一樹:「ソフトウェア工学入門」, 近代科学社（1995）
3) 中所武司:「ソフトウェア工学」, 朝倉書店（1997）
4) 片山卓也, 土井範久, 鳥居宏次監訳:「ソフトウェア工学大事典」, 朝倉書店（2007）

## ■第5章　プログラミング

1) B. W. Kernigha, P. J. Plauger 著, 木村泉訳:「プログラム書法 第2版」, 共立出版（1982）
2) B. W. Kernigha, P.J. Plauger 著, 木村泉訳:「ソフトウェア作法」, 共立出版（1981）
3) Mint（経営情報研究会）:「図解でわかるソフトウェア開発のすべて―構造化手法からオブジェクト指向まで」, 日本実業出版社（2000）
4) 河西朝雄:「C言語」, ナツメ社（1995）
5) H. M. ダイテル, P. J. ダイテル著, 小島隆一訳:「C言語プログラミング」, ピアソン・エデュケーション（1997）
6) P. B. Grady 著, 古山恒夫, 富野壽監訳:「ソフトウェアプロセス改善―コアコンピテンス獲得へのスパイラルモデル―」, 共立出版（1998）
7) 片山卓也, 土井範久, 鳥居宏次監訳:「ソフトウェア工学大事典」, 朝倉書店（2007）

## ■第6章　テストと保守

1) G. J. Myers, T. Badgett, T. M. Thomas, C. Sandler 著, 長尾真監訳:「ソフトウェア・テストの技法（第2版）」, 近代科学社（2006）
2) B. Beizer 著, 小野間彰, 山浦恒央訳:「ソフトウェアテスト技法―

自動化，品質保証，そしてバグの未然防止のために―」，日経 BP 社（1994）
3) S. Gardiner（Ed.）: "Testing Safety-Related Software: A Practical Handbook", Springer-Verlag（1999）
4) 情報処理学会編：「新版情報処理ハンドブック」，オーム社（1995）
5) 土屋哲男，他：「ソフトウェア品質管理システム」，三菱電機技報，Vol. 67, No. 9（1993）
6) 保田勝通，奈良隆正：「ソフトウェア品質保証入門―高品質を実現する考え方とマネジメントの要点」，日科技連（2008）

## 第7章 オブジェクト指向

1) B. Meyer 著，酒匂寛訳：「オブジェクト指向入門　第2版　原則・コンセプト」，翔泳社（2007）
2) 吉田幸二，増英孝，中島毅；「Java 言語によるオブジェクト指向プログラミング」，共立出版（2012）
3) J. Coplien: "Advanced C++: Programming Styles and Idioms", Addison Wesley（1992）
4) 児玉公信：「UML モデリング入門―本質をとらえるシステム思考とモデリング心理学」，日経 BP 社（2008）
5) E. Gamma, et al.: "Design Patterns", Addison-Wesley（1995）（邦訳：本位田真一，吉田和樹監訳：「オブジェクト指向における再利用のためのデザインパターン」，ソフトバンクパブリッシング（1999））
6) D. Rosenberg, S. Matt 著，三河淳一監訳：「ユースケース駆動開発実践ガイド―オブジェクト指向分析から Spring による実装まで（OOP Foundations）」，翔泳社（2007）

## 第8章 ソフトウェア再利用

1) R. S. Pressman 著，飯塚悦功，西康晴監訳：「実践ソフトウェア工学　第3分冊：オブジェクト指向工学／ソフトウェア工学の進んだ話題」，日科技連（2000）
2) 廣田豊彦，伊藤潔，熊谷敏，吉田祐之：「ドメイン分析とモデリングの概説」，情報処理，Vol. 40, No. 12（1999）

3) 青山幹雄，中所武司，向山博編：「コンポーネントウェア」，共立出版（1998）
4) P. Clements, L. Northrop 著，前田卓雄訳：「ソフトウェアプロダクトライン―ユビキタスネットワーク時代のソフトウェアビジネス戦略と実践」，日刊工業新聞社（2003）

## ■第9章　プロジェクト管理と品質管理

1) 橋本隆成：「図解　はじめての「開発のための CMMI」とプロセス改善（第2版）」，日刊工業新聞社（2013）
2) W. Royce 著，日本ラショナルソフトウェア監訳：「ソフトウェアプロジェクト管理［新装版］」，ピアソン・エデュケーション（2001）
3) 德田弘昭：「ソフトウェア構成管理」，ソフトリサーチセンター（1999）
4) S. Kan 著，古山恒夫，富野壽監訳「ソフトウェア品質工学の尺度とモデル」，共立出版（2004）
5) Mint（経営情報研究会）：「図解でわかるソフトウェア開発のすべて―構造化手法からオブジェクト指向まで」，日本実業出版社（2000）
6) 竹山寛：「「実践的」ソフトウェア開発工程管理―管理者になったとき困らない」，技術評論社（2000）
7) プロジェクトマネジメント協会：「プロジェクトマネジメントの知識体系ガイド（PMBOK®ガイド）（第5版）」，（2014）
8) S. McConnell 著，久手堅憲之監修：「ソフトウェア見積り」，日経BP社（2006）

## ■第10章　ソフトウェア開発規模と工数見積り

1) C. Jones 著，富野壽監訳：「ソフトウェア見積りのすべて―規模・品質・工数・工期の予測法」，共立出版（2001）
2) 高橋宗雄：「クライアント／サーバシステム開発の工数見積り技法―工数見積りモデルの適用法」，ソフトリサーチセンター（1998）
3) Mint（経営情報研究会）：「図解でわかるソフトウェア開発のすべて―構造化手法からオブジェクト指向まで」，日本実業出版社（2002）
4) S. L. Pfleeger 著，堀内泰輔訳：「ソフトウェア工学―理論と実践―」，ピアソン・エデュケーション（2001）

# 索　引

## ア　行

アクタ　　　123, 126
アセンブラ言語　　　59
アプリケーション組立てモデル　　　201
アルゴリズム　　　136
暗号的強度　　　55

一貫性　　　40
インクリメンタル開発　　　141
インスタンス　　　114
インタビューによる分析　　　31
インタプリタ型言語　　　60

ウォータフォールモデル　　　16
運用　　　8, 15
運用的基準　　　104

応用ソフトウェア　　　6
オブジェクト　　　111, 113
オブジェクト指向　　　111
オブジェクト指向言語　　　61
オブジェクト指向設計　　　131
オブジェクト指向プログラミング　　　135
オブジェクト指向分析　　　117
オブジェクト類型化　　　125

## カ　行

回帰テスト　　　87, 110
階層化　　　47
改造ライン数　　　150
開発環境　　　148
開発管理　　　163
開発計画　　　13
開発工数の見積り　　　166
開発体制図　　　167
開発体制定義　　　169
開発プロセス　　　148
外部結合　　　53
外部設計　　　8, 15, 44
仮想関数宣言　　　138
カプセル化　　　113, 135
監視・制御対象オブジェクト　　　128
関　数　　　48
関数型言語　　　60
完全性　　　40
ガントチャート　　　170
管理判断　　　165
関　連　　　120

機械語　　　59
機能階層モデル　　　36
機能仕様　　　25
機能的強度　　　57
技　法　　　4
基本COCOMO　　　200

| 基本ソフトウェア | 6 |
| 共通機能分割法 | 51 |
| 共通結合 | 53 |
| 業務関連文書の利用 | 35 |

| 具象化 | 114 |
| 組込みシステム | 7 |
| 組込みソフトウェア | 7 |
| 組込みモード | 201 |
| クラス | 48, 114, 119 |
| クラス図 | 118 |
| 繰返し | 50 |
| 繰返し構造 | 62 |
| クリティカルパス法 | 171 |
| クレーム対応 | 107 |

| 計画／再計画 | 167 |
| 継承 | 114, 122, 138 |
| 欠陥散布モデル | 102 |
| 欠陥除去基準 | 102 |
| 原因-結果グラフ | 95 |
| 限界値分析 | 93 |
| 検証可能性 | 41 |

| 工数見積り | 199 |
| 構成管理 | 164 |
| 構造化プログラミング | 63 |
| 国際電気標準会議 | 175 |
| 国際標準化機構 | 175 |
| コラボレーション図 | 119 |
| コンティンジェンシ計画 | 175 |
| コンテキストダイアグラム | 37 |
| コンテナオブジェクト | 115 |
| コントローラ | 129 |
| コントロールオブジェクト | 129 |
| コンパイラ型言語 | 60 |
| ゴンペルツ曲線 | 103 |
| コンポーネントウェア | 159 |

## サ　行

| 再計画 | 165 |
| 最小性 | 41 |
| 最大抽象出力点 | 49 |
| 最大抽象入力点 | 49 |
| 作業環境定義 | 173 |
| 作業定義 | 167 |
| 作業ネットワーク図 | 171 |
| 作業標準定義 | 172 |
| サブルーチン | 48 |

| 時間的強度 | 56 |
| シーケンス図 | 119, 124 |
| システムエンジニア | 21 |
| 実現可能性 | 41 |
| 実現部 | 135 |
| シナリオ | 32 |
| ジャクソン法 | 50 |
| 集約 | 121 |
| 手段 | 32 |
| 順次構造 | 62 |
| 条件分岐 | 65 |
| 詳細COCOMO | 200 |
| 状態遷移図 | 39 |
| 状態遷移表 | 39 |
| 状態ベース仕様 | 95 |
| 仕様部 | 135 |
| 情報隠蔽 | 52, 112 |
| 情報的強度 | 57 |
| 情報の塊 | 128 |
| 初期設計モデル | 202 |
| 進化型プロトタイピング | 34 |
| 進捗管理 | 170 |
| 進捗モニタ | 165 |
| 信頼性予測曲線 | 103 |

| スタブ | 87 |

索　引

スタンプ結合　　54
ステートマシン図　　119
スパイラルモデル　　20, 141
スクリプト型言語　　60

制御型フレームワーク　　144
制御結合　　54
成長曲線モデル　　102
正当性　　40
選択構造　　62

増加テスト法　　88
操　作　　119
属　性　　37, 119
ソフトウェア　　1
　　——の定義　　3
　　——の分類　　6
　　——のライフサイクル　　8
ソフトウェア開発プロセス　　14
ソフトウェア危機　　9
ソフトウェア技術者　　21
ソフトウェア工学　　10
ソフトウェア構成管理　　182
ソフトウェア再利用　　147, 152
ソフトウェア設計　　43
ソフトウェアプロダクトライン　　161

## タ　行

多重度　　121
妥当性確認テスト　　91, 99
段階的詳細化　　16
端　末　　127

逐次制御構造　　65
中間COCOMO　　200
抽象化　　46

使い捨て型プロトタイピング　　34
積上げ法　　199

デザインパターンの利用　　133
手　順　　4
手順的強度　　56
テスト　　15, 83
テスト環境　　88
テスト空間　　83
テストケース設計　　90
テスト工程　　83
テスト戦略　　88
テスト妥当性　　100
テストプロセス　　84
テスト容易性　　84
データ結合　　54
データ構造　　79
データ構造分割法　　50
データフローダイアグラム　　36
手続き型言語　　60
テンプレート　　157

同値クラス　　92
同値分割　　91
動的バインディング　　116
ドキュメント　　4
特殊化　　114, 122
独立性　　48
トップダウンテスト　　88
ドメイン知識　　156
ドメインモデル　　156

## ナ　行

内部設計　　8, 15, 45
内容結合　　52

入　力　　49

221

能力成熟度モデル　　184

## ハ　行

ハードウェア　　1
バージョン管理ツール　　184
パッケージソフトウェア　　158
汎　化　　114, 122
半組込みモード　　201

非あいまい性　　41
非機能仕様　　25
非手続き型言語　　60
標準タスク法　　199
品質管理　　164, 175, 177
品質保証　　180

ファンクションポイント法　　192, 194
フォワードエンジニアリング　　155
複合設計法　　48
ブラックボックステスト　　91
フレームワーク　　142, 148, 157
プログラマ　　21
プログラミング　　8, 15
プログラミング言語　　60
プログラミング作法　　61
プログラミング書法　　61
プログラム　　4
　——の効率化　　81
　——の制御構造　　65
　——の表現　　63
プログラム構造　　79
プロジェクト管理　　164, 165
プロセス定義　　169
プロトタイピング　　33
プロトタイピングモデル　　18, 19
分　割　　47
分岐網羅テスト　　97

保　守　　8, 15, 105
ポストアーキテクチャモデル　　202
ボトムアップテスト　　89
ポリモルフィズム　　115, 138
ホワイトボックステスト　　91, 97

## マ　行

マシン語　　59
マンパワー　　166

見積り　　166
ミドルウェア　　6, 8

無効同値クラス　　92

命令網羅テスト　　97
メソッド　　48, 119
メッセージ　　113
メッセージインタフェース　　113

網羅性基準　　100
モジュール　　48
　——の分割　　51
モジュール間結合度　　52
モジュール強度　　52, 55
モジュール分割　　48
モデルの洗練化　　129
モンテカルロシミュレーション　　171

## ヤ　行

役　割　　120

有限状態機械モデル　　39
有効同値クラス　　92
ユーザ要求　　27
　——のあいまいさ　　27

——の獲得　　　30
——の妥当性確認　　　39
——の多様性　　　27
——の表現　　　36
——の頻繁な変化　　　29
ユースケース　　　123
ユースケース記述　　　118, 123
ユースケース図　　　118, 123

要員計画　　　172
要求工学　　　23
要求仕様書　　　25
要求分析　　　8, 15, 23, 117
要求モデル　　　23, 36
要求モデル確認の方法　　　41
要求モデル検証の基準　　　39
呼出し型フレームワーク　　　144

## ラ 行

ライブラリアン　　　183
ラウンドトリップ型開発　　　141
ランダムテスト　　　91, 98

リエンジニアリング　　　155
リスク管理計画　　　173
リスク制御　　　173, 175
リバースエンジニアリング　　　155
流用ライン数　　　150

類推法　　　199

レベル0ダイアグラム　　　37
連絡的強度　　　57

論理型言語　　　60
論理的強度　　　56

## ワ 行

ワークパッケージ　　　169

## 英 字

CCB　　　183
CMMI　　　184
COCOMO　　　200
COCOMO II　　　201
composite パターン　　　134
COTS　　　105
CRC カード　　　130

DFD　　　36

ER 図　　　38
ER モデル　　　37

FP 法　　　192, 194

HIPO　　　46

IDEAL モデル　　　185
IEEE 830　　　25
IFPUG　　　194
ISO　　　175
ISO 9001　　　188

Java　　　61
JFPUG　　　194
JSP　　　50

LOC 法　　　192

MTBF　　　104, 178
MVC モデル　　　127

## 索　引

OJT　　　*172*

PERT 法　　　*171*
PMBOK　　　*189*
PMI　　　*189*
PMP　　　*190*

SCM　　　*182*
SLOC　　　*192*
Software Crisis　　　*9*
SPICE　　　*188*
SPL　　　*161*

STL　　　*144*
STS 分割　　　*49*

TR 分割　　　*49*

UML　　　*118*

V カーブ　　　*18*
V モデル　　　*18*

WBS　　　*168*
WP　　　*169*

〈著者略歴〉

**小泉寿男**（こいずみ　ひさお）
1961 年　東北大学工学部通信工学科卒業
1996 年　東北大学大学院情報科学研究科
　　　　博士後期課程修了
　　　　博士（情報科学）
1999 年　東京電機大学理工学部情報システム
　　　　工学科教授
現　在　東京電機大学名誉教授
（担当箇所：1，2，10 章）

**辻　秀一**（つじ　ひでかず）
1969 年　大阪大学基礎工学部電気工学科卒業
1974 年　大阪大学大学院基礎工学研究科
　　　　博士課程修了
　　　　工学博士
2000 年　東海大学工学部電子工学科教授
現　在　東海大学情報通信学部組込みソフト
　　　　ウェア工学科非常勤講師
（担当箇所：3，8 章）

**吉田幸二**（よしだ　こうじ）
2001 年　静岡大学大学院理工学研究科
　　　　博士後期課程修了
　　　　博士（工学）
2001〜2005 年　倉敷芸術科学大学産業科
　　　　学技術学部コンピュータ情報学
　　　　科教授
現　在　湘南工科大学工学部情報工学科
　　　　教授
（担当箇所：4，5 章）

**中島　毅**（なかじま　つよし）
1984 年　早稲田大学大学院理工学研究科
　　　　修士課程修了
2008 年　早稲田大学大学院理工学研究科
　　　　博士後期課程修了
　　　　博士（工学）
現　在　芝浦工業大学工学部情報工学科
　　　　教授
（担当箇所：6，7，9 章）

- 本書の内容に関する質問は，オーム社ホームページの「サポート」から，「お問合せ」の「書籍に関するお問合せ」をご参照いただくか，または書状にてオーム社編集局宛にお願いします．お受けできる質問は本書で紹介した内容に限らせていただきます．なお，電話での質問にはお答えできませんので，あらかじめご了承ください．
- 万一，落丁・乱丁の場合は，送料当社負担でお取替えいたします．当社販売課宛にお送りください．
- 本書の一部の複写複製を希望される場合は，本書扉裏を参照してください．

IT Text
ソフトウェア開発（改訂 2 版）

2003 年　8 月 15 日　第 1 版第 1 刷発行
2015 年 12 月 25 日　改訂 2 版第 1 刷発行
2021 年　3 月 30 日　改訂 2 版第 7 刷発行

著　者　小泉寿男
　　　　辻　秀一
　　　　吉田幸二
　　　　中島　毅
発行者　村上和夫
発行所　株式会社　オーム社
　　　　郵便番号　101-8460
　　　　東京都千代田区神田錦町 3-1
　　　　電話　03(3233)0641（代表）
　　　　URL　https://www.ohmsha.co.jp/

© 小泉寿男・辻　秀一・吉田幸二・中島　毅 2015

印刷　美研プリンティング　製本　協栄製本
ISBN978-4-274-21841-5　Printed in Japan

# ITTextシリーズ　情報処理学会 編集

## 情報通信ネットワーク
阪田史郎・井関文一・小高知宏・甲藤二郎・菊池浩明・塩田茂雄・長 敬三　共著　■ A5判・228頁・本体2800円【税別】
■ 主要目次
情報通信ネットワークとインターネット／アプリケーション層／トランスポート層／ネットワーク層／データリンク層とLAN／物理層／無線ネットワークと移動体通信／ストリーミングとQoS制御／ネットワークセキュリティ／ネットワーク管理

## 情報と職業（改訂2版）
駒谷昇一・辰己丈夫　共著　■ A5判・232頁・本体2500円【税別】
■ 主要目次
情報社会と情報システム／情報化によるビジネス環境の変化／企業における情報活用／インターネットビジネス／働く環境と労働観の変化／情報社会における犯罪と法制度／情報社会におけるリスクマネジメント／明日の情報社会

## コンピュータアーキテクチャ
内田啓一郎・小柳 滋　共著　■ A5判・232頁・本体2800円【税別】
■ 主要目次
概要／命令セットアーキテクチャ／メモリアーキテクチャ／入出力アーキテクチャ／プロセッサアーキテクチャ／命令レベル並列アーキテクチャ／ベクトルアーキテクチャ／並列処理アーキテクチャ

## オペレーティングシステム
野口健一郎 著　■ A5判・240頁・本体2800円【税別】
■ 主要目次
オペレーティングシステムの役割／オペレーティングシステムのユーザインタフェース／オペレーティングシステムのプログラミングインタフェース／オペレーティングシステムの構成／入出力の制御／ファイルの管理／プロセスとその管理／多重プロセス／メモリの管理／仮想メモリ／ネットワークの制御／セキュリティと信頼性／システムの運用管理／オペレーティングシステムと性能／オペレーティングシステムと標準化

## データベース
速水治夫・宮崎収兄・山崎晴明　共著　■ A5判・196頁・本体2500円【税別】
■ 主要目次
データベースの基本概念／データベースのモデル／関係データベースの基礎／リレーショナルデータベース言語SQL／データベースの設計／トランザクション管理／データベース管理システム／データベースシステムの発展

## コンパイラとバーチャルマシン
今城哲二・布広永示・岩澤京子・千葉雄司　共著　■ A5判・224頁・本体2800円【税別】
■ 主要目次
コンパイラの概要／コンパイラの構成とプログラム言語の形式的な記述／字句解析／構文解析／中間表現と意味解析／コード生成／最適化／例外処理／コンパイラと実行環境の連携／動的コンパイラ

## アルゴリズム論
浅野哲夫・和田幸一・増澤利光　共著　■ A5判・242頁・本体2800円【税別】
■ 主要目次
アルゴリズムの重要性／探索問題／基本的なデータ構造／動的探索問題とデータ構造／データの整列／グラフアルゴリズム／文字列のアルゴリズム／アルゴリズム設計手法／近似アルゴリズム／計算複雑さ

## Java基本プログラミング
今城哲二 編／布広永示・マッキン ケネスジェームス・大見嘉弘　共著　■ A5判・248頁・本体2500円【税別】
■ 主要目次
Javaプログラミングの概念／Javaプログラムの基礎／基本制御構造と配列／メソッドの定義と利用／基本的なアルゴリズム／クラスの定義と利用／例外処理／ファイル処理／データ構造

---

もっと詳しい情報をお届けできます。
◎書店に商品がない場合または直接ご注文の場合は右記宛にご連絡ください。

ホームページ　http://www.ohmsha.co.jp/
TEL／FAX　TEL.03-3233-0643　FAX.03-3233-3440

（本体価格は変更される場合があります）

**IT Text シリーズ**　　　　　　　　　　　　　　　　　情報処理学会 編集

## 認知インタフェース
加藤 隆 著　■ A5判・248頁・本体2800円【税別】

■ 主要目次
第1部 認知インタフェースの基本概念　認知インタフェースとは／人と認知的人工物のインタラクション　第2部 人間情報処理の認知特性　知識の表象と処理過程／注意と遂行：意識的な処理と無意識的な処理／記憶のしくみと符号化処理／記憶の検索過程／潜在的な認知／知識の利用　第3部 認知インタフェースのデザイン　インタラクションの可視化／ヒューマンエラーへの対応／デザインにおけるトレードオフ／デザイン原理とモデルによるユーザビリティ評価／ユーザテスティングによるユーザビリティ評価／認知インタフェースの課題

## ヒューマンコンピュータインタラクション
岡田謙一・西田正吾・葛岡英明・塩澤秀和・仲谷美江 共著　■ A5判・240頁・本体2800円【税別】

■ 主要目次
人間とヒューマンインタフェース／対話型システムのデザイン／情報の入力／ビジュアルインタフェース／人とコンピュータのコミュニケーション／空間型インタフェース／協同作業支援のためのマルチユーザインタフェース／インタフェースの評価

## 情報理論
白木善尚 編／村松 純・岩田賢一・有村光晴・渋谷智治 共著　■ A5判・256頁・本体2800円【税別】

■ 主要目次
情報理論のねらい／情報理論の基本的な問題／平均符号長を最小にする情報源符号／数直線における区間の分割に基づく情報源符号／ユニバーサルな情報源符号／ユニバーサル符号(I)／ユニバーサル符号(II)／通信路符号の誤り訂正能力／符号の効率と誤り訂正能力の関係／巡回符号／BCH符号

## 音声認識システム
鹿野清宏・伊藤克亘・河原達也・武田一哉・山本幹雄 編著　■ A5判・216頁（CD-ROM1枚付）・本体3500円【税別】

■ 主要目次
音声特徴量の抽出／HMM音素モデルの作成／HMMを用いた音声認識／統計的言語モデル／日本語の統計的言語モデルの作成／大語彙連続音声認識アルゴリズム／音声／言語データベース／日本語ディクテーション基本ソフトウェア

## 人画像処理
越後富夫・岩井儀雄・森島繁生・鷲見和彦・井岡幹博・八木康史 共著　■ A5判・272頁・本体2800円【税別】

■ 主要目次
画像処理手法と応用分野の位置づけ／画像特徴抽出／シーン解析／人の認識／人の合成／セキュリティ／ヒューマンインタフェース／映像メディア応用

## コンピュータグラフィックス
魏 大名・Carl Vilbrandt・Roman Durikovic・先田和弘・向井信彦 共著　■ A5判・280頁・本体3000円【税別】

■ 主要目次
コンピュータグラフィックス学概論／OpenGLによるプログラミング／3Dビューイング／モデルビュー変換／カラー／照明／3次元シェープモデル／自由曲線・曲面／サーフェスリアリティ技法／アニメーション／バーチャルリアリティ(VR)／コンピュータアート

## 自然言語処理
天野真家・石崎 俊・宇津呂武仁・成田真澄・福本淳一 共著　■ A5判・192頁・本体2500円【税別】

■ 主要目次
自然言語処理の基礎／形態論：辞書と形態素解析／統語論と統語解析／意味論と意味解析／コーパスと統計処理／自然言語処理システム

もっと詳しい情報をお届けできます。
◎書店に商品がない場合または直接ご注文の場合も左記何なりとご連絡ください。

 ホームページ　http://www.ohmsha.co.jp/
TEL/FAX　TEL.03-3233-0643　FAX.03-3233-3440

（本体価格は変更される場合があります）

## 新インターユニバーシティシリーズ のご紹介

- 全体を「共通基礎」「電気エネルギー」「電子・デバイス」「通信・信号処理」「計測・制御」「情報・メディア」の6部門で構成
- 現在のカリキュラムを総合的に精査して，セメスタ制に最適な書目構成をとり，どの巻も各章1講義，全体を半期2単位の講義で終えられるよう内容を構成
- 実際の講義では担当教員が内容を補足しながら教えることを前提として，簡潔な表現のテキスト，わかりやすく工夫された図表でまとめたコンパクトな紙面
- 研究・教育に実績のある，経験豊かな大学教授陣による編集・執筆

●── 各巻 定価（本体2300円【税別】）

### 確率と確率過程
武田 一哉 編著 ■ A5判・160頁

【主要目次】 確率と確率過程の学び方／確率論の基礎／確率変数／多変数と確率分布／離散分布／連続分布／特性関数／分布限界，大数の法則，中心極限定理／推定／統計的検定／確率過程／相関関数とスペクトル／予測と推定

### 無線通信工学
片山 正昭 編著 ■ A5判・176頁

【主要目次】 無線通信工学の学び方／信号の表現と性質／狭帯域信号と線形システム／無線通信路／アナログ振幅変調信号／アナログ角度変調信号／自己相関関数と電力スペクトル密度／線形ディジタル変調信号の基礎／各種線形ディジタル変調方式／定包絡線ディジタル変調信号／OFDM通信方式／スペクトル拡散／多元接続技術

### インターネットとWeb技術
松尾 啓志 編著 ■ A5判・176頁

【主要目次】 インターネットとWeb技術の学び方／インターネットの歴史と今後／インターネットを支える技術／World Wide Web／SSL／TTS／HTML，CSS／Webプログラミング／データベース／Webアプリケーション／Webシステム構成／ネットワークのセキュリティと心得／インターネットとオープンソフトウェア／ウェブの時代からクラウドの時代へ

### メディア情報処理
末永 康仁 編著 ■ A5判・176頁

【主要目次】 メディア情報処理の学び方／音声の基礎／音声の分析／音声の合成／音声認識の基礎／連続音声の認識／音声認識の応用／画像の入力と表現／画像処理の形態／2値画像処理／画像の認識／画像の生成／画像応用システム

### 電子回路
岩田 聡 編著 ■ A5判・168頁

【主要目次】 電子回路の学び方／信号とデバイス／回路の働き方／等価回路の考え方／小信号を増幅する／組み合わせて使う／差動増幅回路／電力増幅回路／負帰還増幅回路／発振回路／オペアンプ／オペアンプの実際／MOSアナログ回路

### ディジタル回路
田所 嘉昭 編著 ■ A5判・180頁

【主要目次】 ディジタル回路の学び方／ディジタル回路に使われる素子の働き／スイッチングする回路の性能／基本論理ゲート回路／組合せ論理回路（基礎／設計）／順序論理回路／演算回路／メモリとプログラマブルデバイス／A-D，D-A変換回路／回路設計とシミュレーション

### 電気エネルギー概論
依田 正之 編著 ■ A5判・200頁

【主要目次】 電気エネルギー概論の学び方／限りあるエネルギー資源／エネルギーと環境／発電機のしくみ／熱力学と火力発電のしくみ／核エネルギーの利用／力学的エネルギーと水力発電のしくみ／化学エネルギーから電気エネルギーへの変換／光から電気エネルギーへの変換／熱エネルギーから電気エネルギーへの変換／再生可能エネルギーを用いた種々の発電システム／電気エネルギーの伝送／電気エネルギーの貯蔵

### システムと制御
早川 義一 編著 ■ A5判・192頁

【主要目次】 システム制御の学び方／動的システムと状態方程式／動的システムと伝達関数／システムの周波数特性／フィードバック制御系とブロック線図／フィードバック制御系の安定解析／フィードバック制御系の過渡特性と定常特性／制御対象の同定／伝達関数を用いた制御系設計／時間領域での制御系の解析・設計／非線形システムとファジィ・ニューロ制御／制御応用例

---

もっと詳しい情報をお届けできます．
※書店に商品がない場合または直接ご注文の場合は右記宛にご連絡ください．

ホームページ http://www.ohmsha.co.jp/
TEL／FAX TEL.03-3233-0643 FAX.03-3233-3440

(定価は変更される場合があります)